煤矿特种作业安全培训教材

煤矿探放水作业

主　编　魏文亮

中国矿业大学出版社

·徐州·

图书在版编目(C I P)数据

煤矿探放水作业/魏文亮主编. —徐州:中国矿业大学出版社,2024.4

煤矿特种作业安全培训教材

ISBN 978 - 7 - 5646 - 6230 - 1

Ⅰ. ①煤… Ⅱ. ①魏… Ⅲ. ①矿山探放水—安全培训—教材 Ⅳ. ①TD745

中国国家版本馆 CIP 数据核字(2024)第 078651 号

书　　名　煤矿探放水作业

主　　编　魏文亮

责任编辑　齐　畅

出版发行　中国矿业大学出版社有限责任公司

(江苏省徐州市解放南路　邮编 221008)

营销热线　(0516)83885370　83884103

出版服务　(0516)83995789　83884920

网　　址　http://www.cumtp.com　**E-mail**:cumtpvip@cumtp.com

印　　刷　徐州中矿大印发科技有限公司

开　　本　850 mm×1168 mm　1/32　**印张** 8.625　**字数** 232 千字

版次印次　2024 年 4 月第 1 版　2024 年 4 月第 1 次印刷

定　　价　32.00 元

《煤矿特种作业安全培训教材》编写委员会

主　任　张晓彻

副主任　张　伟　刘　斌

成　员　乔小东　王丰奕　张泽龙　余争虎
　　　　魏文亮　肖　明　申正旺　王柯颖
　　　　李　阳　思瑞生　蔡小玲　刘　帅
　　　　段建伟

前　言

本书是新时期煤矿特种作业安全培训系列教材编纂工作的前期成果。

党的十八大、特别是党的二十大以来，面对煤矿安全生产工作出现的新情况、新问题，为推进煤矿安全工作高质量发展，贯彻落实习近平总书记关于安全生产重要论述及党中央国务院关于煤矿安全生产系列指导性文件，在更高水平上服务于新时期煤矿安全生产工作，我们联系有关院校、企业和科技支撑单位的人员筹划编写了本系列教材。

本系列教材编写采取模块化结构，主要由具有共性的煤矿安全生产常识和各特种作业类别专业知识两部分组成，以便相关单位有针对性地组织教学，从而有效提高煤矿特种作业从业人员的专业化水平。在内容上，本系列教材力求条理明确、逻辑清晰，教学、自学皆宜。

本系列教材在编写调研期间，得到了陕西省煤矿安全生产主管部门、各煤矿企业和煤矿安全培训机构的大力指导、帮助和支持，在此我们表示衷心的感谢。

由于作者水平有限，难免有不妥之处，敬请读者批评指正。

作　者

目 录

第一章 安全生产法律法规及煤矿安全管理

第一节 煤矿安全生产方针

一、安全生产方针的内容

安全生产，是指在社会生产活动中，通过人、机、物、环境的和谐运作，使生产过程中潜在的各种事故风险和伤害因素始终处于有效控制状态，切实保护劳动者的生命安全和身体健康。安全生产方针是国家对安全生产工作总的要求，是安全生产工作的指导思想和行为准则。我国长期坚持“安全第一、预防为主、综合治理”的安全生产方针。这个方针是我国党和政府根据工作的实际情况，逐步总结出来的。多年来的实践证明，我国的安全生产方针是完全正确的。根据这一方针，国家制定了一系列安全生产的政策、法令、法规和规程，安全生产工作取得了巨大的成就。

“安全第一”是指强调安全，强调人的生命与健康高于一切，安全优先，以人为本，把安全放在一切工作的首位。煤矿企业要树立红线意识，落实“不安全不生产，隐患不排除不生产，安全措施不落实不生产”的原则，井下从业人员要珍惜自身生命健康，保持随时、随地安全生产的习惯，杜绝侥幸心理，实现自主保安、相互保安。

“预防为主”是指实现安全生产的主要工作在于预防，把安全生产工作的关口前移，超前防范，通过预防工作及时把各类事故消灭在萌芽之中。一切隐患都是可以消除的，一切事故都是可以预防的。煤矿企业要建立隐患排查、事故预防机制，采取有效的事前控制措施,保证安全生产。井下作业人员要自觉执行作业规程和操作规程,严格遵守劳动纪律,搞好安全生产。

“综合治理”是指综合运用各种手段,包括加强安全生产管理,保证安全生产投入,加强安全生产教育培训,做好业务保安、科技兴安工作,充分发挥各方面的安全监督作用,从而保证安全生产。“综合治理”要求做到全方位、全过程、全员管理;重视科学技术对煤矿安全的重要支撑作用,提高煤矿生产机械化、自动化、信息化、智能化水平。“综合治理”是安全生产工作的重心所在,是保证安全管理目标实现的重要途径。

“安全第一、预防为主、综合治理”的安全生产方针是一个有机统一的整体。安全第一是目的,是预防为主、综合治理的统帅和灵魂,没有安全第一的思想,预防为主就失去了思想支撑,综合治理就失去了整治依据。预防为主是实现安全第一的根本途径。只有把安全生产的重点放在建立事故隐患预防体系上,超前防范,才能有效减少事故发生,实现安全第一。综合治理是落实安全第一、预防为主的手段和方法。只有不断健全和完善综合治理工作机制,才能有效贯彻安全生产方针,真正把安全第一、预防为主落到实处,实现安全生产。

2023 年,《中共中央办公厅 国务院办公厅关于进一步加强矿山安全生产工作的意见》印发。该意见是经党中央、国务院同意印发的矿山安全生产领域纲领性文件,充分体现了以习近平同志为核心的党中央对矿山安全生产工作的高度重视。该意见指出,矿山安全生产事关人民群众生命财产安全,事关经济发展和社会稳定大局,是安全生产的重中之重。为深入贯彻党的二十大精神,进一步加强矿山安全生产工作,该意见提出严格矿山安全生产准入、推进矿山转型升级、防范化解重大安全风险、强化企业主体责任、落实地方党政领导责任和部门监管监察责任、推进矿山安全依法治理、强化组织实施等七个方面共二十四条意见。

二、安全生产方针对于井下一般从业人员的要求

(1) 牢固树立"安全第一"的思想,不安全不生产。

(2) 遵守班组安全管理制度,学法、知法、守法,树立依法进行煤矿安全生产作业的意识。

(3) 遵纪守规,杜绝"三违"(违章指挥、违章作业、违反劳动纪律)现象。

(4) 遵守本工种质量标准化标准,按照安全操作规程作业,做到操作标准化。

(5) 参加安全生产培训,掌握煤矿安全知识和实际操作技能。

(6) 做好劳动保护,避免职业伤害。

(7) 工作中随时检查自己所处的作业环境,做到自主保安和相互保安。

(8) 树立安全意识,实现由"要我安全"向"我要安全"和"我能安全"的转变。

第二节 法律基础知识及煤矿常见违法行为

法律是由国家制定或认可的、由国家强制力保障实施的、反映统治阶级意志的行为规范的总和。

一、法律基础知识

(一) 违法

1. 违法的概念

违法是指不履行法定义务或做出法律禁止的行为;也就是行为人违反法律规定,从而给社会造成危害,有过错的行为。

2. 违法构成

(1) 必须是一种行为。

(2) 必须是侵犯了客体。

(3) 违法的主体必须是有责任能力的人或法人。

(4) 必须是行为者主观上出于故意或过失。

3. 违法分类

(1) 刑事违法:构成犯罪。

(2) 民事违法:违犯《中华人民共和国民法典》(简称《民法典》)等。

(3) 行政违法:违犯行政管理法规。

(4) 违犯《中华人民共和国宪法》(简称《宪法》)。

4. 法律责任

法律责任是指违法者对其违法行为所造成的对社会和受害者的危害应承担的法律后果。

5. 法律制裁

法律制裁是指特定的国家机关对责任主体依其所负的法律责任而实施的惩罚性或保护性强制措施。

(1) 刑事制裁。

刑事制裁是指触犯了刑事法律,国家对刑事违法者给予的法律制裁。这是法律制裁中最为严厉的一种,包括主刑和附加刑。主刑分为管制、拘役、有期徒刑、无期徒刑、死刑;附加刑有罚金、剥夺政治权利、没收财产等。主刑、附加刑可单独使用,也可一并使用。

(2) 民事制裁。

民事制裁是指国家对民事违法者,根据其应承担的法律责任给予的强制性制裁。民事制裁主要有停止侵害、返还财产、赔偿损失、消除影响和恢复名誉、赔礼道歉等。

(3) 行政制裁。

行政制裁是指国家机关或企事业单位对违反法律、法规并应追究其行政责任的违法者给予的制裁。行政制裁包括行政处罚和行政处分两种。

① 行政处罚。它是由国家特定的行政机关对行政违法但又构不成犯罪的单位和个人给予的一种制裁,其形式有警告、罚款、

没收非法财产、责令改正、责令停产整顿、责令停产、吊销执照或许可证等。

② 行政处分。它是指国家机关和企事业单位对其工作人员和职工的违法、违纪和违章所进行的处分，其形式有警告、记过、记大过、降级、降职、撤职、留用察看和开除等。

（二）犯罪

1. 犯罪的概念

犯罪是指危害社会、触犯刑律应该受到刑事处罚的行为，也是严重的违法行为。

《中华人民共和国刑法》（简称《刑法》）第十三条规定，一切危害国家主权、领土完整和安全，分裂国家、颠覆人民民主专政的政权和推翻社会主义制度，破坏社会秩序和经济秩序，侵犯国有财产或者劳动群众集体所有的财产，侵犯公民私人所有的财产，侵犯公民的人身权利、民主权利和其他权利，以及其他危害社会的行为，依照法律应当受刑罚处罚的，都是犯罪，但是情节显著轻微危害不大的，不认为是犯罪。

2. 犯罪的分类

根据犯罪的主观心态，犯罪可分为两种：故意犯罪和过失犯罪。

(1) 故意犯罪。

《刑法》第十四条规定，明知自己的行为会发生危害社会的结果，并且希望或者放任这种结果发生，因而构成犯罪的，是故意犯罪。

故意犯罪，应当负刑事责任。

(2) 过失犯罪。

《刑法》第十五条规定，应当预见自己的行为可能发生危害社会的结果，因为疏忽大意而没有预见，或者已经预见而轻信能够避免，以致发生这种结果的，是过失犯罪。

过失犯罪，法律有规定的才负刑事责任。

过失犯罪分为疏忽大意的过失和过于自信的过失。

3．犯罪特征

（1）具有社会危害性，这是一切犯罪的客观属性。

（2）刑事违法性，即违反刑事法律的禁令。

（3）应受到惩罚性，多数情况下，这是犯罪的必然结果。

二、煤矿生产中常见的违法行为

根据《中华人民共和国安全生产法》（简称《安全生产法》）、《中华人民共和国矿山安全法》（简称《矿山安全法》）、《中华人民共和国煤炭法》（简称《煤炭法》）、《煤矿安全生产条例》等法律法规，煤矿生产中常见的违法行为有很多，列举如下。

（1）安全设施和条件不符合国家安全标准、行业安全标准、《煤矿安全规程》和行业技术规范。

（2）未使用专用器材设备，或使用不符合国家安全标准或者行业安全标准的设备、器材、仪器、仪表、防护用品。

（3）未按规定进行安全教育和培训。

（4）煤矿作业场所的瓦斯、粉尘或者其他有毒有害气体的浓度超过标准。

（5）违章指挥、违章作业、违反劳动纪律等。

（6）对事故预兆或者已发现的事故隐患不及时采取措施。

（7）拒绝、阻碍煤矿安全监察机构及安全监察人员现场检查，或者提供虚假情况、隐瞒存在的事故隐患。

（8）超能力、超强度、超定员（“三超”）生产。

此外，从业人员、安全管理人员发现他人违章不制止也属于违法行为。

《刑法》中规定的犯罪行为主要有以下几种。

（1）重大责任事故罪。

《刑法》第一百三十四条第一款规定，在生产、作业中违反有关安全管理的规定，因而发生重大伤亡事故或者造成其他严重后果的，处三年以下有期徒刑或者拘役；情节特别恶劣的，处三年以上七年以下有期徒刑。

(2) 强令、组织他人违章冒险作业罪。

强令他人违章冒险作业，或者明知存在重大事故隐患而不排除，仍冒险组织作业，因而发生重大伤亡事故或者造成其他严重后果的，处五年以下有期徒刑或者拘役；情节特别恶劣的，处五年以上有期徒刑。

(3) 危险作业罪。

《刑法》第一百三十四条之一规定，在生产、作业中违反有关安全管理的规定，有下列情形之一，具有发生重大伤亡事故或者其他严重后果的现实危险的，处一年以下有期徒刑、拘役或者管制：

① 关闭、破坏直接关系生产安全的监控、报警、防护、救生设备、设施，或者篡改、隐瞒、销毁其相关数据、信息的；

② 因存在重大事故隐患被依法责令停产停业、停止施工、停止使用有关设备、设施、场所或者立即采取排除危险的整改措施，而拒不执行的；

③ 涉及安全生产的事项未经依法批准或者许可，擅自从事矿山开采、金属冶炼、建筑施工，以及危险物品生产、经营、储存等高度危险的生产作业活动的。

(4) 重大劳动安全事故罪。

《刑法》第一百三十五条规定，安全生产设施或者安全生产条件不符合国家规定，因而发生重大伤亡事故或者造成其他严重后果的，对直接负责的主管人员和其他直接责任人员，处三年以下有期徒刑或者拘役；情节特别恶劣的，处三年以上七年以下有期徒刑。

(5) 危险物品肇事罪。

《刑法》第一百三十六条规定，违反爆炸性、易燃性、放射性、毒害性、腐蚀性物品的管理规定，在生产、储存、运输、使用中发生重大事故，造成严重后果的，处三年以下有期徒刑或者拘役；后果特别严重的，处三年以上七年以下有期徒刑。

（6）贻误事故抢救（知情不报、谎报、晚报）罪。

《刑法》第一百三十九条之一规定，在安全事故发生后，负有报告职责的人员不报或者谎报事故情况，贻误事故抢救，情节严重的，处三年以下有期徒刑或者拘役；情节特别严重的，处三年以上七年以下有期徒刑。

第三节　安全生产法律法规

一、我国煤矿安全生产法律法规体系

中华人民共和国成立以来、特别是改革开放以来，我国的立法工作发展较快，煤矿安全生产法律法规体系已经形成，主要有四个层次。

（1）全国人大及其常务委员会颁布的关于安全生产的法律。

如《中华人民共和国安全生产法》、《中华人民共和国矿山安全法》、《中华人民共和国煤炭法》、《中华人民共和国矿产资源法》（简称《矿产资源法》）、《中华人民共和国劳动法》（简称《劳动法》）、《中华人民共和国职业病防治法》（简称《职业病防治法》）、《中华人民共和国劳动合同法》（简称《劳动合同法》）等。

（2）国务院颁布的关于安全生产的行政法规。

如《煤矿安全生产条例》《安全生产许可证条例》《煤炭生产许可证管理办法》《国务院关于特大安全事故行政责任追究的规定》《矿山安全法实施条例》《生产安全事故报告和调查处理条例》《关于加强国有重点煤矿安全基础管理的指导意见》《关于加强小煤矿安全基础管理的指导意见》《工伤保险条例》等。

（3）省（自治区、直辖市）级人民代表大会及其常务委员会颁

布的关于安全生产的地方性法规。

(4) 国务院有关部委、地方政府颁布的安全生产的规章和地方政府规章。

如《安全生产违法行为行政处罚办法》《煤矿安全监察行政处罚办法》《煤矿安全培训规定》《煤矿安全规程》等。

二、煤矿安全生产相关法律法规简介

(一)《安全生产法》

《安全生产法》于2002年6月29日第九届全国人民代表大会常务委员会第二十八次会议通过,自2002年11月1日起施行。2009年8月27日第一次修正,2014年8月31日第二次修正。2021年6月10日,根据第十三届全国人民代表大会常务委员会第二十九次会议《关于修改〈中华人民共和国安全生产法〉的决定》第三次修正。这是我国第一部规范安全生产的综合性基础法律。部分条文如下。

第一条规定,为了加强安全生产工作,防止和减少生产安全事故,保障人民群众生命和财产安全,促进经济社会持续健康发展,制定本法。

第三条规定,安全生产工作坚持中国共产党的领导。

安全生产工作应当以人为本,坚持人民至上、生命至上,把保护人民生命安全摆在首位,树牢安全发展理念,坚持安全第一、预防为主、综合治理的方针,从源头上防范化解重大安全风险。

安全生产工作实行管行业必须管安全、管业务必须管安全、管生产经营必须管安全,强化和落实生产经营单位主体责任与政府监管责任,建立生产经营单位负责、职工参与、政府监管、行业自律和社会监督的机制。

第四条规定,生产经营单位必须遵守本法和其他有关安全生产的法律、法规,加强安全生产管理,建立健全全员安全生产责任制和安全生产规章制度,加大对安全生产资金、物资、技术、人员的投入保障力度，改善安全生产条件，加强安全生产标准化、信息化建设，构建安全风险分级管控和隐患排查治理双重预防机制，健全风险防范化解机制，提高安全生产水平，确保安全生产。

平台经济等新兴行业、领域的生产经营单位应当根据本行业、领域的特点，建立健全并落实全员安全生产责任制，加强从业人员安全生产教育和培训，履行本法和其他法律、法规规定的有关安全生产义务。

第六条规定，生产经营单位的从业人员有依法获得安全生产保障的权利，并应当依法履行安全生产方面的义务。

第七条规定，工会依法对安全生产工作进行监督。

生产经营单位的工会依法组织职工参加本单位安全生产工作的民主管理和民主监督，维护职工在安全生产方面的合法权益。生产经营单位制定或者修改有关安全生产的规章制度，应当听取工会的意见。

第十六条规定，国家实行生产安全事故责任追究制度，依照本法和有关法律、法规的规定，追究生产安全事故责任单位和责任人员的法律责任。

第十八条规定，国家鼓励和支持安全生产科学技术研究和安全生产先进技术的推广应用，提高安全生产水平。

第十九条规定，国家对在改善安全生产条件、防止生产安全事故、参加抢险救护等方面取得显著成绩的单位和个人，给予奖励。

第二十条规定，生产经营单位应当具备本法和有关法律、行政法规和国家标准或者行业标准规定的安全生产条件；不具备安全生产条件的，不得从事生产经营活动。

第二十八条规定，生产经营单位应当对从业人员进行安全生产教育和培训，保证从业人员具备必要的安全生产知识，熟悉有关的安全生产规章制度和安全操作规程，掌握本岗位的安全操作技能，了解事故应急处理措施，知悉自身在安全生产方面的权利和义务。未经安全生产教育和培训合格的从业人员,不得上岗作业。

生产经营单位使用被派遣劳动者的,应当将被派遣劳动者纳入本单位从业人员统一管理,对被派遣劳动者进行岗位安全操作规程和安全操作技能的教育和培训。劳务派遣单位应当对被派遣劳动者进行必要的安全生产教育和培训。

生产经营单位接收中等职业学校、高等学校学生实习的,应当对实习学生进行相应的安全生产教育和培训,提供必要的劳动防护用品。学校应当协助生产经营单位对实习学生进行安全生产教育和培训。

生产经营单位应当建立安全生产教育和培训档案,如实记录安全生产教育和培训的时间、内容、参加人员以及考核结果等情况。

第二十九条规定,生产经营单位采用新工艺、新技术、新材料或者使用新设备,必须了解、掌握其安全技术特性,采取有效的安全防护措施,并对从业人员进行专门的安全生产教育和培训。

第三十条规定,生产经营单位的特种作业人员必须按照国家有关规定经专门的安全作业培训,取得相应资格,方可上岗作业。

特种作业人员的范围由国务院应急管理部门会同国务院有关部门确定。

第五十一条规定,生产经营单位必须依法参加工伤保险,为从业人员缴纳保险费。

国家鼓励生产经营单位投保安全生产责任保险;属于国家规定的高危行业、领域的生产经营单位,应当投保安全生产责任保险。具体范围和实施办法由国务院应急管理部门会同国务院财政部门、国务院保险监督管理机构和相关行业主管部门制定。

第六十一条规定,生产经营单位使用被派遣劳动者的,被派遣劳动者享有本法规定的从业人员的权利,并应当履行本法规定的从业人员的义务。

第一百零九条规定,高危行业、领域的生产经营单位未按照国家规定投保安全生产责任保险的，责令限期改正，处五万元以上十万元以下的罚款；逾期未改正的，处十万元以上二十万元以下的罚款。

第一百一十一条规定，有关地方人民政府、负有安全生产监督管理职责的部门，对生产安全事故隐瞒不报、谎报或者迟报的，对直接负责的主管人员和其他直接责任人员依法给予处分；构成犯罪的，依照刑法有关规定追究刑事责任。

第一百一十四条规定，发生生产安全事故，对负有责任的生产经营单位除要求其依法承担相应的赔偿等责任外，由应急管理部门依照下列规定处以罚款：① 发生一般事故的，处三十万元以上一百万元以下的罚款；② 发生较大事故的，处一百万元以上二百万元以下的罚款；③ 发生重大事故的，处二百万元以上一千万元以下的罚款；④ 发生特别重大事故的，处一千万元以上二千万元以下的罚款。

发生生产安全事故，情节特别严重、影响特别恶劣的，应急管理部门可以按照前款罚款数额的二倍以上五倍以下对负有责任的生产经营单位处以罚款。

（二）《矿山安全法》

该法于 1992 年 11 月 7 日第七届全国人民代表大会常务委员会第二十八次会议通过，1993 年 5 月 1 日起施行。根据 2009 年 8 月 27 日第十一届全国人民代表大会常务委员会第十次会议《关于修改部分法律的决定》修正。

1. 立法目的

防止矿山事故，保护矿山职工的人身安全，促进采矿工业健康发展，健全矿山法制。

2. 立法指导思想

坚持保护矿工生命安全的宗旨，从实际出发，做到安全综合管理部门监督与矿山企业主管部门的管理相结合，国家监察和群众监督相结合，建立健全各级生产和管理人员的安全生产责任制。

3. 主要内容

该法共 8 章 50 条。有关主要内容如下。

第七条规定，矿山建设工程的安全设施必须和主体工程同时设计、同时施工、同时投入生产和使用。

第九条规定，矿山设计下列项目必须符合矿山安全规程和行业技术规范：① 矿井的通风系统和供风量、风质、风速；② 露天矿的边坡角和台阶的宽度、高度；③ 供电系统；④ 提升、运输系统；⑤ 防水、排水系统和防火、灭火系统；⑥ 防瓦斯系统和防尘系统；⑦ 有关矿山安全的其他项目。

第十八条规定，矿山企业必须对下列危害安全的事故隐患采取预防措施：① 冒顶、片帮、边坡滑落和地表塌陷；② 瓦斯爆炸、煤尘爆炸；③ 冲击地压、瓦斯突出、井喷；④ 地面和井下的火灾、水害；⑤ 爆破器材和爆破作业发生的危害；⑥ 粉尘、有毒有害气体、放射性物质和其他有害物质引起的危害；⑦ 其他危害。

第二十五条规定，矿山企业工会发现企业行政方面违章指挥、强令工人冒险作业或者生产过程中发现明显重大事故隐患和职业危害，有权提出解决的建议；发现危及职工生命安全的情况时，有权向矿山企业行政方面建议组织职工撤离危险现场，矿山企业行政方面必须及时作出处理决定。

第二十六条规定，矿山企业必须对职工进行安全教育、培训；未经安全教育、培训的，不得上岗作业。矿山企业安全生产的特种作业人员必须接受专门培训，经考核合格取得操作资格证书的，方可上岗作业。

第二十七条规定，矿长必须经过考核，具备安全专业知识，具有领导安全生产和处理矿山事故的能力。矿山企业安全工作人员必须具备必要的安全专业知识和矿山安全工作经验。

第四十四条规定，已经投入生产的矿山企业，不具备安全生产条件而强行开采的，由劳动行政主管部门会同管理矿山企业的主管部门责令限期改进；逾期仍不具备安全生产条件的，由劳动行政主管部门提请县级以上人民政府决定责令停产整顿或者由有关主管部门吊销其采矿许可证和营业执照。

（三）《煤炭法》

该法于1996年8月29日第八届全国人民代表大会常务委员会第二十一次会议通过，1996年12月1日起施行。2009年8月27日第一次修正，2011年4月22日第二次修正，2013年6月29日第三次修正。2016年11月7日，根据第十二届全国人民代表大会常务委员会第二十四次会议《关于修改〈中华人民共和国对外贸易法〉等十二部法律的决定》第四次修正。

1. 立法目的

合理开发利用和保护煤炭资源，规范煤炭生产、经营活动，促进和保障煤炭行业的发展。

2. 主要内容

该法共8章81条。相关内容如下。

第三条规定，煤炭资源属于国家所有。地表或者地下的煤炭资源的国家所有权，不因其依附的土地的所有权或者使用权的不同而改变。

第四条规定，国家对煤炭开发实行统一规划、合理布局、综合利用的方针。

第五条规定，国家依法保护煤炭资源，禁止任何乱采、滥挖破坏煤炭资源的行为。

第九条规定，国家鼓励和支持在开发利用煤炭资源过程中采用先进的科学技术和管理方法。

煤矿企业应当加强和改善经营管理，提高劳动生产率和经济效益。

第十一条规定，开发利用煤炭资源，应当遵守有关环境保护的法律、法规，防治污染和其他公害，保护生态环境。

第二十条规定，煤矿投入生产前，煤矿企业应当依照有关安全生产的法律、行政法规的规定取得安全生产许可证。未取得安全生产许可证的，不得从事煤炭生产。

第二十二条规定，开采煤炭资源必须符合煤矿开采规程，遵守合理的开采顺序，达到规定的煤炭资源回采率。

第四十八条规定，任何单位或者个人不得危害煤矿矿区的电力、通讯、水源、交通及其他生产设施。

禁止任何单位和个人扰乱煤矿矿区的生产秩序和工作秩序。

（四）《煤矿安全生产条例》

该条例于 2023 年 12 月 18 日国务院第 21 次常务会议通过，2024 年 1 月 24 日中华人民共和国国务院令第 774 号公布，自 2024 年 5 月 1 日起施行。

1. 条例的意义

该条例共 6 章 76 条。是煤矿安全生产领域的一部基础主干法规，全面总结了近年来煤矿安全生产工作经验，是在贯彻新发展理念、推动安全生产工作高质量发展过程中形成的重要立法成果，对煤矿安全生产工作影响深远。该条例的颁布和实施，有利于全面规范煤矿安全生产工作，进一步落实煤矿企业安全生产主体责任，进一步强化监管监察职责，对促进煤矿安全生产形势稳定好转具有重要意义。

2. 相关主要内容

第三条规定，煤矿安全生产工作坚持中国共产党的领导。

煤矿安全生产工作应当以人为本，坚持人民至上、生命至上，把保护人民生命安全摆在首位，贯彻安全发展理念，坚持安全第一、预防为主、综合治理的方针，从源头上防范化解重大安全风险。

煤矿安全生产工作实行管行业必须管安全、管业务必须管安全、管生产经营必须管安全，按照国家监察、地方监管、企业负责，强化和落实安全生产责任。

第四条规定，煤矿企业应当履行安全生产主体责任，加强安全生产管理，建立健全并落实全员安全生产责任制和安全生产规章制度，加大对安全生产资金、物资、技术、人员的投入保障力度，改善安全生产条件，加强安全生产标准化、信息化建设，构建安全风险分级管控和隐患排查治理双重预防机制，健全风险防范化解机制，提高安全生产水平，确保安全生产。

煤矿企业主要负责人（含实际控制人，下同）是本企业安全生产第一责任人，对本企业安全生产工作全面负责。其他负责人对职责范围内的安全生产工作负责。

第九条规定，县级以上人民政府负有煤矿安全生产监督管理职责的部门、国家矿山安全监察机构及其设在地方的矿山安全监察机构应当建立举报制度，公开举报电话、信箱或者电子邮件地址等网络举报平台，受理有关煤矿安全生产的举报并依法及时处理；对需要由其他有关部门进行调查处理的，转交其他有关部门处理。

任何单位和个人对事故隐患或者安全生产违法行为，有权向前款规定的部门和机构举报。举报事项经核查属实的，依法依规给予奖励。

第十条规定，煤矿企业从业人员有依法获得安全生产保障的权利，并应当依法履行安全生产方面的义务。

第十八条规定，煤矿企业主要负责人对本企业安全生产工作负有下列职责：

（1）建立健全并落实全员安全生产责任制，加强安全生产标准化建设；

（2）组织制定并实施安全生产规章制度和作业规程、操作规程；

（3）组织制定并实施安全生产教育和培训计划；

（4）保证安全生产投入的有效实施；

(5) 组织建立并落实安全风险分级管控和隐患排查治理双重预防工作机制，督促、检查安全生产工作，及时消除事故隐患；

(6) 组织制定并实施生产安全事故应急救援预案；

(7) 及时、如实报告煤矿生产安全事故。

第十九条规定，煤矿企业应当设置安全生产管理机构并配备专职安全生产管理人员。安全生产管理机构和安全生产管理人员负有下列安全生产职责：

(1) 组织或者参与拟订安全生产规章制度、作业规程、操作规程和生产安全事故应急救援预案；

(2) 组织或者参与安全生产教育和培训，如实记录安全生产教育和培训情况；

(3) 组织开展安全生产法律法规宣传教育；

(4) 组织开展安全风险辨识评估，督促落实重大安全风险管控措施；

(5) 制止和纠正违章指挥、强令冒险作业、违反规程的行为，发现威胁安全的紧急情况时，有权要求立即停止危险区域内的作业，撤出作业人员；

(6) 检查安全生产状况，及时排查事故隐患，对事故隐患排查治理情况进行统计分析，提出改进安全生产管理的建议；

(7) 组织或者参与应急救援演练；

(8) 督促落实安全生产整改措施。

煤矿企业应当配备主要技术负责人，建立健全并落实技术管理体系。

第二十条规定，煤矿企业从业人员负有下列安全生产职责：

(1) 遵守煤矿企业安全生产规章制度和作业规程、操作规程，严格落实岗位安全责任；

(2) 参加安全生产教育和培训，掌握本职工作所需的安全生产知识，提高安全生产技能，增强事故预防和应急处理能力；

(3)及时报告发现的事故隐患或者其他不安全因素。

对违章指挥和强令冒险作业的行为,煤矿企业从业人员有权拒绝并向县级以上地方人民政府负有煤矿安全生产监督管理职责的部门、所在地矿山安全监察机构报告。

煤矿企业不得因从业人员拒绝违章指挥或者强令冒险作业而降低其工资、福利等待遇,无正当理由调整工作岗位,或者解除与其订立的劳动合同。

第二十四条规定,煤矿企业应当为从业人员提供符合国家标准或者行业标准的劳动防护用品,并监督、教育从业人员按照使用规则佩戴、使用。

煤矿井下作业人员实行安全限员制度。煤矿企业应当依法制定井下工作时间管理制度。煤矿井下工作岗位不得使用劳务派遣用工。

第二十六条规定,煤矿的采煤、掘进、机电、运输、通风、排水、排土等主要生产系统和防瓦斯、防煤(岩)与瓦斯(二氧化碳)突出、防冲击地压、防火、防治水、防尘、防热害、防滑坡、监控与通讯等安全设施,应当符合煤矿安全规程和国家标准或者行业标准规定的管理和技术要求。

煤矿企业及其有关人员不得关闭、破坏直接关系生产安全的监控、报警、防护、救生设备、设施,或者篡改、隐瞒、销毁其相关数据、信息,不得以任何方式影响其正常使用。

第六十四条规定,对存在重大事故隐患仍然进行生产的煤矿企业,责令停产整顿,明确整顿的内容、时间等具体要求,并处50万元以上200万元以下的罚款;对煤矿企业主要负责人处3万元以上15万元以下的罚款。

第六十七条规定,发生煤矿生产安全事故,对负有责任的煤矿企业除要求其依法承担相应的赔偿等责任外,依照下列规定处以罚款:

(1) 发生一般事故的,处 50 万元以上 100 万元以下的罚款;

(2) 发生较大事故的,处 150 万元以上 200 万元以下的罚款;

(3) 发生重大事故的,处 500 万元以上 1 000 万元以下的罚款;

(4) 发生特别重大事故的,处 1 000 万元以上 2 000 万元以下的罚款。

发生煤矿生产安全事故,情节特别严重、影响特别恶劣的,可以按照前款罚款数额的 2 倍以上 5 倍以下对负有责任的煤矿企业处以罚款。

第七十条规定,煤矿企业存在下列情形之一的,应当提请县级以上地方人民政府予以关闭:

(1) 未依法取得安全生产许可证等擅自进行生产的;

(2) 3 个月内 2 次或者 2 次以上发现有重大事故隐患仍然进行生产的;

(3) 经地方人民政府组织的专家论证在现有技术条件下难以有效防治重大灾害的;

(4) 有《中华人民共和国安全生产法》规定的应当提请关闭的其他情形。

有关地方人民政府作出予以关闭的决定,应当立即组织实施。关闭煤矿应当达到下列要求:

(1) 依照法律法规有关规定吊销、注销相关证照;

(2) 停止供应并妥善处理民用爆炸物品;

(3) 停止供电,拆除矿井生产设备、供电、通信线路;

(4) 封闭、填实矿井井筒,平整井口场地,恢复地貌;

(5) 妥善处理劳动关系,依法依规支付经济补偿、工伤保险待遇,组织离岗时职业健康检查,偿还拖欠工资,补缴欠缴的社会保险费;

(6) 设立标识牌;

(7) 报送、移交相关报告、图纸和资料等;

(8)有关法律法规规定的其他要求。

(五)《生产安全事故报告和调查处理条例》

《生产安全事故报告和调查处理条例》于2007年3月28日以中华人民共和国国务院令第493号公布,自2007年6月1日起施行。

第九条规定,事故发生后,事故现场有关人员应当立即向本单位负责人报告;单位负责人接到报告后,应当于1小时内向事故发生地县级以上人民政府安全生产监督管理部门和负有安全生产监督管理职责的有关部门报告。情况紧急时,事故现场有关人员可以直接向事故发生地县级以上人民政府安全生产监督管理部门和负有安全生产监督管理职责的有关部门报告。

第十二条规定,报告的内容应包括:事故发生单位概况,事故发生的时间、地点及事故现场情况,事故的简要经过,事故已经造成或者可能造成的伤亡人数等。

发生事故后,事故调查处理过程中最重要的一条原则就是"四不放过",即事故原因没有查清不放过,事故责任者没有严肃处理不放过,广大职工没有受到教育不放过,防范措施没有落实不放过。煤矿职工要牢记事故教训,提高责任意识、安全意识和自我保护能力,避免安全事故的发生。

(六)《工伤保险条例》

《工伤保险条例》于2003年4月27日以国务院令第375号公布,自2004年1月1日起施行。2010年12月20日,根据《国务院关于修改〈工伤保险条例〉的决定》修订。

有关内容如下。

1. 建立工伤保险基金的目的

保障因工作遭受事故伤害或者患职业病的职工获得医疗救治和经济补偿,促进工伤预防和职业康复,分散用人单位的工伤风险。

2. 缴费原则

用人单位应当按时缴纳工伤保险费。职工个人不缴纳工伤保险费。

3. 工伤认定的申请时限

职工所在单位应当自职工事故伤害发生之日或者被诊断、鉴定为职业病之日起30日内，向统筹地区社会保险行政部门提出工伤认定申请。遇有特殊情况，经报社会保险行政部门同意，申请时限可以适当延长。

用人单位未按前款规定提出工伤认定申请的，工伤职工或者其近亲属、工会组织在事故伤害发生之日或者被诊断、鉴定为职业病之日起1年内，可以直接向用人单位所在地统筹地区社会保险行政部门提出工伤认定申请。

4. 劳动能力鉴定

职工发生工伤，经治疗伤情相对稳定后存在残疾、影响劳动能力的，应当进行劳动能力鉴定。

劳动能力鉴定是指劳动功能障碍程度和生活自理障碍程度的等级鉴定。

劳动功能障碍分为十个伤残等级，最重的为一级，最轻的为十级。

生活自理障碍分为三个等级：生活完全不能自理、生活大部分不能自理和生活部分不能自理。

5. 关于停工留薪的规定

职工因工作遭受事故伤害或者患职业病需要暂停工作接受工伤医疗的，在停工留薪期内，原工资福利待遇不变，由所在单位按月支付。

停工留薪期一般不超过12个月。伤情严重或者情况特殊，经设区的市级劳动能力鉴定委员会确认，可以适当延长，但延长不得超过12个月。工伤职工评定伤残等级后，停发原待遇，按照本条例的有关规定享受伤残待遇。工伤职工在停工留薪期满后仍需治疗的，继续享受工伤医疗待遇。

生活不能自理的工伤职工在停工留薪期需要护理的，由所在单位负责。

6. 工伤待遇

工伤及职业病伤残等级对应工伤待遇见表1-1，一次性工亡及丧葬补助金、供养亲属抚恤金相关规定见表1-2。

表1-1　工伤及职业病伤残等级对应工伤待遇

伤残等级	一次性伤残补助金	伤残津贴(按月)	劳动关系
一级	27个月的本人工资	本人工资的90%	保留劳动关系，退出工作岗位
二级	25个月的本人工资	本人工资的85%	
三级	23个月的本人工资	本人工资的80%	
四级	21个月的本人工资	本人工资的75%	
五级	18个月的本人工资	本人工资的70%	保留劳动关系，安排适当工作
六级	16个月的本人工资	本人工资的60%	
七级	13个月的本人工资	—	劳动、聘用合同期满终止，或者职工本人提出解除劳动、聘用合同的
八级	11个月的本人工资	—	
九级	9个月的本人工资	—	
十级	7个月的本人工资	—	

表1-2　一次性工亡及丧葬补助金、供养亲属抚恤金相关规定

类别	规定
一次性工亡补助金	上一年度全国城镇居民人均可支配收入的20倍
丧葬补助金	6个月的统筹地区上年度职工月平均工资
供养亲属抚恤金	配偶每月：死亡职工本人工资的40%； 其他亲属每月：死亡职工本人工资的30%； 孤寡老人或孤儿每月：上述标准的基础上增加10%； 核定的各供养亲属的抚恤金之和不应高于因工死亡职工生前的工资

（七）《煤矿安全培训规定》

为了加强和规范煤矿安全培训工作，提高从业人员安全素质，防止和减少伤亡事故，2017 年 12 月 11 日国家安全监督管理总局第 16 次局长办公会议审议通过并公布《煤矿安全培训规定》，自 2018 年 3 月 1 日起施行。

第四条规定，煤矿企业是安全培训的责任主体，应当依法对从业人员进行安全生产教育和培训，提高从业人员的安全生产意识和能力。煤矿企业主要负责人对本企业从业人员安全培训工作全面负责。

第二十四条规定，煤矿特种作业人员必须经专门的安全技术培训和考核合格，由省级煤矿安全培训主管部门颁发《中华人民共和国特种作业操作证》（简称“特种作业操作证”）后，方可上岗作业。

第二十五条规定，煤矿特种作业人员在参加资格考试前应当按照规定的培训大纲进行安全生产知识和实际操作能力的专门培训。其中，初次培训的时间不得少于 90 学时。

第三十五条规定，煤矿企业其他从业人员的初次安全培训时间不得少于 72 学时，每年再培训的时间不得少于 20 学时。

第三十六条规定，煤矿企业新上岗的井下作业人员安全培训合格后，应当在有经验的工人师傅带领下，实习满 4 个月，并取得工人师傅签名的实习合格证明后，方可独立工作。工人师傅一般应当具备中级工以上技能等级、3 年以上相应工作经历和没有发生过违章指挥、违章作业、违反劳动纪律等条件。

第三十七条规定，企业井下作业人员调整工作岗位或者离开本岗位一年以上重新上岗前，以及煤矿企业采用新工艺、新技术、新材料或者使用新设备的，应当对其进行相应的安全培训，经培训合格后，方可上岗作业。

（八）《煤矿安全规程》

《煤矿安全规程》于2016年2月25日以国家安全生产监督管理总局令第87号公布，自2016年10月1日起施行。该规程是安全生产法律法规体系的重要组成部分，具有强制性、科学性、规范性、稳定性的特点，在煤矿安全生产领域居于主体规章地位，是安全生产监管、监察、执法的重要依据，是规范煤矿安全生产行为的重要准绳。

现行的《煤矿安全规程》根据2022年1月6日应急管理部令第8号修正，自2022年4月1日起施行。修订的四项主要原则如下。

第一，严格贯彻落实习近平总书记关于安全生产工作的重要论述精神，并衔接适应新修改的《安全生产法》等法律的规定和要求。

第二，深刻汲取近年来的煤矿灾害事故教训，认真分析灾害事故中暴露出的煤矿安全生产和技术管理漏洞及不合理因素，查找影响煤矿安全生产的危险因素和事故隐患。

第三，衔接协调《煤矿防治水细则》《防治煤与瓦斯突出细则》《防治煤矿冲击地压细则》《煤矿防灭火细则》等煤矿安全规范性文件及相关标准，充分体现《煤矿安全规程》在煤矿安全生产领域的主体规章地位。

第四，解决好《煤矿安全规程（2016版）》实施5年多来煤矿现场管理的重要问题，尽量满足煤矿现场的使用需求。

第四节　煤矿从业人员的权利和义务

《安全生产法》《矿山安全法》《劳动法》《煤炭法》等法律规定了从业人员在安全生产方面的权利和义务。关心、维护和保障从业人员在安全生产方面的权利，是实现安全生产的重要条件。

一、煤矿从业人员在安全生产中的权利

（一）劳动合同保障权

生产经营单位不得以任何形式与从业人员订立协议免除或者减轻其对从业人员因生产安全事故伤亡依法应承担的责任。

《劳动合同法》第四条规定，用人单位应当依法建立和完善劳动规章制度，保障劳动者享有劳动权利、履行劳动义务。

用人单位在制定、修改或者决定有关劳动报酬、工作时间、休息休假、劳动安全卫生、保险福利、职工培训、劳动纪律以及劳动定额管理等直接涉及劳动者切身利益的规章制度或者重大事项时，应当经职工代表大会或者全体职工讨论，提出方案和意见，与工会或者职工代表平等协商确定。

在规章制度和重大事项决定实施过程中，工会或者职工认为不适当的，有权向用人单位提出，通过协商予以修改完善。

用人单位应当将直接涉及劳动者切身利益的规章制度和重大事项决定公示，或者告知劳动者。

（二）安全生产危险因素知情权和建议权

煤矿井下生产是很危险的工作，瓦斯、煤尘爆炸，火灾，水灾，顶板灾害等危险因素很多，从业人员有权知道作业场所和工作岗位存在的危险因素、发生规律和防范措施。

（三）批评、检举、控告权

《安全生产法》第五十四条规定，从业人员有权对本单位安全生产工作中存在的问题提出批评、检举、控告。生产经营单位不得因从业人员对本单位安全生产工作提出批评、检举、控告或者拒绝违章指挥、强令冒险作业而降低其工资、福利等待遇或者解除与其订立的劳动合同。

（四）拒绝违章指挥权

《煤矿安全规程》第八条规定，从业人员有权制止违章作业，拒绝违章指挥。

（五）不安全状况停止作业权

《安全生产法》第五十五条规定，从业人员发现直接危及人身安全的紧急情况时，有权停止作业或者在采取可能的应急措施后撤离作业场所。

（六）享受工伤保险权

《安全生产法》第五十六条规定，因生产安全事故受到损害的从业人员，除依法享有工伤保险外，依照有关民事法律尚有获得赔偿的权利的，有权向本单位提出赔偿要求。

《煤炭法》第三十七条规定，煤矿企业应当依法为职工参加工伤保险缴纳工伤保险费。鼓励企业为井下作业职工办理意外伤害保险，支付保险费。

（七）安全生产教育培训权

《矿山安全法》第二十六条规定，矿山企业必须对职工进行安全教育、培训；未经安全教育、培训的，不得上岗作业。

矿山企业安全生产的特种作业人员必须接受专门培训，经考核合格取得操作资格证书的，方可上岗作业。

《煤炭法》第三十三条规定，煤矿企业应当对职工进行安全生产教育、培训；未经安全生产教育、培训的，不得上岗作业。

《煤矿安全规程》第九条规定，煤矿企业必须对从业人员进行安全教育和培训。培训不合格的，不得上岗作业。

特种作业人员必须按国家有关规定培训合格，取得资格证书，方可上岗作业。

煤矿从业人员是安全生产事故的受害者，又是安全生产的实施者，对安全生产中的问题和隐患最清楚，有权参与安全管理。通过职工大会、职工代表大会，参与企业有关安全生产规划、管理制度、管理办法、安全技术措施和规章的制定，对不符合党和国家方针政策与法律、法规的规章、制度有权提出修改意见。

此外，2006 年 6 月 7 日，国家安全生产监督管理总局、国家煤矿安全监察局、国家发展和改革委员会、监察部、劳动和社会保障部、国务院国有资产监督管理委员会、中华全国总工会联合发出的《关于加强国有重点煤矿安全基础管理的指导意见》中,赋予井下职工以下十项权利:① 带班人员不下井,工人有权不下井;② 带班人员早出井,工人有权早出井;③ 安全隐患不排查,工人有权不作业;④ 管理人员违章指挥,工人有权不执行;⑤ 没有安全措施,工人有权不开工;⑥ 不组织班前安全学习,工人有权不下井;⑦ 未进行"三位一体"(班长、安全检查员、瓦斯检查员)安全检查,工人有权不开工;⑧ 监测监控系统安装不到位、运行不正常,工人有权不开工;⑨ 不配全合格的劳动保护、防护用品,工人有权不下井;⑩ 避灾路线不标识,工人有权不下井。煤矿不得因上述原因扣发职工工资、辞退职工。

二、煤矿从业人员在安全生产中的义务

(1) 遵法守纪、服从管理的义务。

《安全生产法》第五十七条规定,从业人员在作业过程中,应当严格遵守本单位的安全生产规章制度和操作规程,服从管理,正确佩戴和使用劳动防护用品。

《煤炭法》第三十三条规定,煤矿企业职工必须遵守有关安全生产的法律、法规、煤炭行业规章、规程和企业规章制度。

(2) 接受教育培训、学习安全生产技能的义务。

《安全生产法》第五十八条规定,从业人员应当接受安全生产教育和培训,掌握本职工作所需的安全生产知识,提高安全生产技能,增强事故预防和应急处理能力。

(3) 及时报告危险情况,参加抢险救灾的义务。

《安全生产法》第五十九条规定,从业人员发现事故隐患或者其他不安全因素,应当立即向现场安全生产管理人员或者本单位负责人报告;接到报告的人员应当及时予以处理。

(4) 正确佩戴、使用劳动保护用品的义务。

三、煤矿企业从业人员安全生产职责

《煤矿安全生产条例》第二十条规定，煤矿企业从业人员负有下列安全生产职责。

(1) 遵守煤矿企业安全生产规章制度和作业规程、操作规程，严格落实岗位安全责任；

(2) 参加安全生产教育和培训，掌握本职工作所需的安全生产知识，提高安全生产技能，增强事故预防和应急处理能力；

(3) 及时报告发现的事故隐患或者其他不安全因素。

对违章指挥和强令冒险作业的行为，煤矿企业从业人员有权拒绝并向县级以上地方人民政府负有煤矿安全生产监督管理职责的部门、所在地矿山安全监察机构报告。

煤矿企业不得因从业人员拒绝违章指挥或者强令冒险作业而降低其工资、福利等待遇，无正当理由调整工作岗位，或者解除与其订立的劳动合同。

第五节　煤矿安全管理制度

《安全生产法》《煤矿安全规程》等法律法规明确规定，生产经营单位必须建立健全全员安全生产责任制和安全生产规章制度，职工必须遵守企业制定的安全生产管理制度。

一、安全生产责任制度

安全生产责任制度是所有安全管理制度的核心，是最基本的安全管理制度。安全生产责任制，按照岗位、职能、权利和责任相统一的原则，明确各层级、各部门、各岗位的安全生产责任和义务，形成人人有责、各负其责、权责清晰的安全生产责任体系。

二、安全目标管理制度

安全目标管理制度，应依据政府有关部门或上级下达的安全指标，结合实际制定年度或阶段的安全生产目标，并将指标逐层分解，明确责任、保证措施、考核和奖惩办法。

三、安全投入保障制度

安全投入保障制度，应按国家有关规定建立稳定的安全投入资金渠道，保证新增、改善和更新安全系统、设备、设施，消除事故隐患，改善安全生产条件，进行安全生产宣传、教育、培训、安全奖励，推广应用先进安全技术措施和管理经验，以及应对抢险救灾等均有可靠的资金来源。安全投入应能充分保证安全生产需要，安全投入资金要专款专用。煤矿企业应当编制年度安全技术措施计划，确定项目，落实资金、完成时间和责任人。

四、安全奖惩制度

安全奖惩制度是指为了规范职工安全行为，依据“奖惩分明、公平合理”的原则，明确考评人员、奖罚办法、考核方式等内容，对工作人员实施奖励和处罚、起到教育和引导的作用的制度。该制度是激发集体和个人不断前进的有效手段之一。

五、安全技术审批制度

安全技术审批制度，要确定各类工程设计、作业规程、安全措施和方案等安全技术审批的内容、程序、标准、时限、审批级别；审批人员职别和资格，编制、审核、审批员的职责、权限和义务。安全技术审批应保证依据充分、正确，内容全面、具体，安全措施可靠，能够有效指导生产施工、作业和操作。

六、安全教育与培训制度

安全教育与培训制度，应保证煤矿企业职工掌握本职工作应具备的法律法规知识、安全知识、专业技术知识和操作技能；明确企业职工教育与培训的周期、内容、方式、标准和考核办法；明确相关部门安全教育与培训的职责和考核办法；明确年度安全生产教育与培训计划，确定任务，保证安全培训的条件，落实费用。

七、安全办公会议制度

安全办公会议制度，要明确安全办公会议的召开周期、内容、主持人和参加人员，会议应当有完整的记录，载明议定的事项、决定以及落实的人员、措施和期限。会议记录、纪要应纳入档案管理。

八、安全监督检查制度

安全监督检查制度，应能保证有效地监督安全生产规章制度、规程、标准、规范等的执行情况；明确安全检查的内容、周期、检查标准、检查方式、负责组织检查的部门和人员、对检查结果的处理办法；对查出的问题和隐患应按要求落实处理，并将结果进行通报及存档。

九、事故隐患排查治理制度

事故隐患排查治理制度，应明确领导小组成员及其职责，应能保证及时发现和消除矿井在通风、瓦斯、煤尘、火灾、顶板、机电、运输、爆破、水害和其他方面存在的隐患；明确事故隐患识别、分级、登记、评估、报告、监控和治理标准；按照分级管理的原则，明确隐患治理的责任和义务，并保证隐患治理资金的投入。

十、安全风险分级管控工作制度

安全风险分级管控工作制度，应明确安全风险分级管控责任体系；明确安全风险辨识评估范围、方法，能全面辨识矿井各系统、各环节可能存在的安全风险、危害因素以及重大危险源；明确安全风险辨识、评估、管控、公告、报告工作流程；明确安全风险分级管控教育培训要求。

十一、入井检身与出入井人员清点制度

入井检身与出入井人员清点制度要明确入井人员禁止带入井下的物品和检查方法；明确人员入井和升井登记、清点和统计、报告办法，保证准确掌握井下作业人数和人员名单，及时发现未能正常升井的人员并查明原因。

十二、煤矿领导带班下井制度

煤矿应当建立健全领导带班下井制度，并严格考核。带班下井制度应当明确带班下井人员、每月带班下井的人数、在井下工作时间、带班下井的任务和职责权限、群众监督和考核奖惩等内容，并要健全下井带班的详细记录，以备检查。

十三、安全生产标准化管理制度

安全生产标准化管理制度要明确年度达标计划和考核标准；明确检查周期、考核评级奖惩办法、组织检查的部门和人员等方面的内容。

十四、矿用设备、器材使用管理制度

矿用设备、器材使用管理制度，应保证在用设备、器材符合相关标准，保持完好状态；明确矿用设备、器材使用前的检测标准、程序、方法和检验单位、人员的资质；明确使用过程中的检验标准、周期、方法和校验单位、人员的资质；明确维修、更新和报废的标准、程序和方法。

十五、矿井主要灾害预防管理制度

矿井主要灾害预防管理制度要明确可能导致重大事故的"一通三防"、防治水、冲击地压、职业危害等主要危险，有针对性地分别制定专门制度，强化管理，加强监控，制定预防措施。

十六、煤矿事故应急救援制度

煤矿事故应急救援制度，要制定事故应急救援预案，明确发生事故后的上报时限、上报部门、上报内容、应采取的应急救援措施等。

十七、安全操作规程管理制度

操作规程要涵盖从进入操作现场、操作准备到操作结束和离开操作现场全过程的各个操作环节，要分别制定各工种岗位操作规程，明确各工种、岗位对操作人员的基本要求、操作程序和标准，明确违反操作程序和标准可能导致的危险和危害。

十八、安全生产现场管理制度

煤矿要建立健全安全生产现场管理制度。该制度要符合现场安全生产管理的相关要求；要明确现场管理人员的职责、权限，现场管理内容和要求以及现场应急处置等方面的内容。

十九、职业病危害防治制度

煤矿企业应建立健全职业病危害防治领导机构、防治管理机构，建立健全职业病危害防治制度。

第六节　劳 动 保 护

一、《劳动法》相关规定

第十六条规定，劳动合同是劳动者与用人单位确立劳动关系、明确双方权利和义务的协议。

建立劳动关系应当订立劳动合同。

第十七条规定，订立和变更劳动合同，应当遵循平等自愿、协商一致的原则，不得违反法律、行政法规的规定。

劳动合同依法订立即具有法律约束力，当事人必须履行劳动合同规定的义务。

第十八条规定，下列劳动合同无效：

(1) 违反法律、行政法规的劳动合同；

(2) 采取欺诈、威胁等手段订立的劳动合同。

无效的劳动合同，从订立的时候起，就没有法律约束力。确认劳动合同部分无效的，如果不影响其余部分的效力，其余部分仍然有效。

劳动合同的无效，由劳动争议仲裁委员会或者人民法院确认。

第二十一条规定，劳动合同可以约定试用期。试用期最长不得超过六个月。

第三十六条规定，国家实行劳动者每日工作时间不超过八小时、平均每周工作时间不超过四十四小时的工时制度。

第三十八条规定，用人单位应当保证劳动者每周至少休息一日。

第五十四条规定,用人单位必须为劳动者提供符合国家规定的劳动安全卫生条件和必要的劳动防护用品,对从事有职业危害作业的劳动者应当定期进行健康检查。

第五十五条规定,从事特种作业的劳动者必须经过专门培训并取得特种作业资格。

第五十六条规定,劳动者在劳动过程中必须严格遵守安全操作规程。

劳动者对用人单位管理人员违章指挥、强令冒险作业,有权拒绝执行;对危害生命安全和身体健康的行为,有权提出批评、检举和控告。

第五十九条规定,禁止安排女职工从事矿山井下、国家规定的第四级体力劳动强度的劳动和其他禁忌从事的劳动。

第六十条规定,不得安排女职工在经期从事高处、低温、冷水作业和国家规定的第三级体力劳动强度的劳动。

第六十一条规定,不得安排女职工在怀孕期间从事国家规定的第三级体力劳动强度的劳动和孕期禁忌从事的劳动。对怀孕七个月以上的女职工,不得安排其延长工作时间和夜班劳动。

第六十三条规定,不得安排女职工在哺乳未满一周岁的婴儿期间从事国家规定的第三级体力劳动强度的劳动和哺乳期禁忌从事的其他劳动,不得安排其延长工作时间和夜班劳动。

第六十四条规定,不得安排未成年工从事矿山井下、有毒有害、国家规定的第四级体力劳动强度的劳动和其他禁忌从事的劳动。

第六十五条规定,用人单位应当对未成年工定期进行健康检查。

第九十三条规定,用人单位强令劳动者违章冒险作业,发生重大伤亡事故,造成严重后果的,对责任人员依法追究刑事责任。

二、《职业病防治法》相关规定

第三条规定，职业病防治工作坚持预防为主、防治结合的方针，建立用人单位负责、行政机关监管、行业自律、职工参与和社会监督的机制，实行分类管理、综合治理。

第四条规定，劳动者依法享有职业卫生保护的权利。

用人单位应当为劳动者创造符合国家职业卫生标准和卫生要求的工作环境和条件，并采取措施保障劳动者获得职业卫生保护。

第六条规定，用人单位的主要负责人对本单位的职业病防治工作全面负责。

第七条规定，用人单位必须依法参加工伤保险。

第十三条规定，任何单位和个人有权对违反本法的行为进行检举和控告。有关部门收到相关的检举和控告后，应当及时处理。

第二十二条规定，用人单位必须采用有效的职业病防护设施，并为劳动者提供个人使用的职业病防护用品。

用人单位为劳动者个人提供的职业病防护用品必须符合防治职业病的要求；不符合要求的，不得使用。

第二十四条规定，产生职业病危害的用人单位，应当在醒目位置设置公告栏，公布有关职业病防治的规章制度、操作规程、职业病危害事故应急救援措施和工作场所职业病危害因素检测结果。

对产生严重职业病危害的作业岗位，应当在其醒目位置，设置警示标识和中文警示说明。警示说明应当载明产生职业病危害的种类、后果、预防以及应急救治措施等内容。

第三十条规定，任何单位和个人不得生产、经营、进口和使用国家明令禁止使用的可能产生职业病危害的设备或者材料。

第三十一条规定，任何单位和个人不得将产生职业病危害的作业转移给不具备职业病防护条件的单位和个人。不具备职业病防护条件的单位和个人不得接受产生职业病危害的作业。

第三十三条规定，用人单位与劳动者订立劳动合同（含聘用合同,下同)时,应当将工作过程中可能产生的职业病危害及其后果、职业病防护措施和待遇等如实告知劳动者,并在劳动合同中写明,不得隐瞒或者欺骗。

劳动者在已订立劳动合同期间因工作岗位或者工作内容变更,从事与所订立劳动合同中未告知的存在职业病危害的作业时,用人单位应当依照前款规定,向劳动者履行如实告知的义务,并协商变更原劳动合同相关条款。

用人单位违反前两款规定的,劳动者有权拒绝从事存在职业病危害的作业,用人单位不得因此解除与劳动者所订立的劳动合同。

第三十四条规定,用人单位的主要负责人和职业卫生管理人员应当接受职业卫生培训,遵守职业病防治法律、法规,依法组织本单位的职业病防治工作。

用人单位应当对劳动者进行上岗前的职业卫生培训和在岗期间的定期职业卫生培训,普及职业卫生知识,督促劳动者遵守职业病防治法律、法规、规章和操作规程,指导劳动者正确使用职业病防护设备和个人使用的职业病防护用品。

劳动者应当学习和掌握相关的职业卫生知识,增强职业病防范意识,遵守职业病防治法律、法规、规章和操作规程,正确使用、维护职业病防护设备和个人使用的职业病防护用品,发现职业病危害事故隐患应当及时报告。

第三十五条规定,对从事接触职业病危害的作业的劳动者,用人单位应当按照国务院安全生产监督管理部门、卫生行政部门的规定组织上岗前、在岗期间和离岗时的职业健康检查,并将检查结果书面告知劳动者。职业健康检查费用由用人单位承担。

用人单位不得安排未经上岗前职业健康检查的劳动者从事接触职业病危害的作业;不得安排有职业禁忌的劳动者从事其所禁忌的作业;对在职业健康检查中发现有与所从事的职业相关的健

康损害的劳动者，应当调离原工作岗位，并妥善安置；对未进行离岗前职业健康检查的劳动者不得解除或者终止与其订立的劳动合同。

第三十六条规定，用人单位应当为劳动者建立职业健康监护档案，并按照规定的期限妥善保存。

职业健康监护档案应当包括劳动者的职业史、职业病危害接触史、职业健康检查结果和职业病诊疗等有关个人健康资料。

劳动者离开用人单位时，有权索取本人职业健康监护档案复印件，用人单位应当如实、无偿提供，并在所提供的复印件上签章。

第三十八条规定，用人单位不得安排未成年工从事接触职业病危害的作业；不得安排孕期、哺乳期的女职工从事对本人和胎儿、婴儿有危害的作业。

第三十九条规定，劳动者享有下列职业卫生保护权利：

(1) 获得职业卫生教育、培训；

(2) 获得职业健康检查、职业病诊疗、康复等职业病防治服务；

(3) 了解工作场所产生或者可能产生的职业病危害因素、危害后果和应当采取的职业病防护措施；

(4) 要求用人单位提供符合防治职业病要求的职业病防护设施和个人使用的职业病防护用品，改善工作条件；

(5) 对违反职业病防治法律、法规以及危及生命健康的行为提出批评、检举和控告；

(6) 拒绝违章指挥和强令进行没有职业病防护措施的作业；

(7) 参与用人单位职业卫生工作的民主管理，对职业病防治工作提出意见和建议。

用人单位应当保障劳动者行使前款所列权利。因劳动者依法行使正当权利而降低其工资、福利等待遇或者解除、终止与其订立的劳动合同的，其行为无效。

第四十八条规定，职业病诊断、鉴定过程中，用人单位不提供工作场所职业病危害因素检测结果等资料的，诊断、鉴定机构应当结合劳动者的临床表现、辅助检查结果和劳动者的职业史、职业病危害接触史，并参考劳动者的自述、安全生产监督管理部门提供的日常监督检查信息等，作出职业病诊断、鉴定结论。

劳动者对用人单位提供的工作场所职业病危害因素检测结果等资料有异议，或者因劳动者的用人单位解散、破产，无用人单位提供上述资料的，诊断、鉴定机构应当提请安全生产监督管理部门进行调查，安全生产监督管理部门应当自接到申请之日起三十日内对存在异议的资料或者工作场所职业病危害因素情况作出判定；有关部门应当配合。

医疗卫生机构发现疑似职业病病人时，应当告知劳动者本人并及时通知用人单位。

第五十五条规定，医疗卫生机构发现疑似职业病病人时，应当告知劳动者本人并及时通知用人单位。

用人单位应当及时安排对疑似职业病病人进行诊断；在疑似职业病病人诊断或者医学观察期间，不得解除或者终止与其订立的劳动合同。

疑似职业病病人在诊断、医学观察期间的费用，由用人单位承担。

三、《工伤保险条例》相关规定

第四条规定，用人单位应当将参加工伤保险的有关情况在本单位内公示。

用人单位和职工应当遵守有关安全生产和职业病防治的法律法规，执行安全卫生规程和标准，预防工伤事故发生，避免和减少职业病危害。

职工发生工伤时，用人单位应当采取措施使工伤职工得到及时救治。

第十条规定，用人单位应当按时缴纳工伤保险费。职工个人不缴纳工伤保险费。

第十四条规定，职工有下列情形之一的，应当认定为工伤：

(1) 在工作时间和工作场所内，因工作原因受到事故伤害的；

(2) 工作时间前后在工作场所内，从事与工作有关的预备性或者收尾性工作受到事故伤害的；

(3) 在工作时间和工作场所内，因履行工作职责受到暴力等意外伤害的；

(4) 患职业病的；

(5) 因工外出期间，由于工作原因受到伤害或者发生事故下落不明的；

(6) 在上下班途中，受到非本人主要责任的交通事故或者城市轨道交通、客运轮渡、火车事故伤害的；

(7) 法律、行政法规规定应当认定为工伤的其他情形。

第十五条规定，职工有下列情形之一的，视同工伤：

(1) 在工作时间和工作岗位，突发疾病死亡或者在48小时之内经抢救无效死亡的；

(2) 在抢险救灾等维护国家利益、公共利益活动中受到伤害的；

(3) 职工原在军队服役，因战、因公负伤致残，已取得革命伤残军人证，到用人单位后旧伤复发的。

职工有前款第(一)项、第(二)项情形的，按照本条例的有关规定享受工伤保险待遇；职工有前款第(三)项情形的，按照本条例的有关规定享受除一次性伤残补助金以外的工伤保险待遇。

第十六条规定，职工符合本条例第十四条、第十五条的规定，但是有下列情形之一的，不得认定为工伤或者视同工伤：

(1) 故意犯罪的；

(2) 醉酒或者吸毒的；

（3）自残或者自杀的。

第四十二条规定，工伤职工有下列情形之一的，停止享受工伤保险待遇：

（1）丧失享受待遇条件的；

（2）拒不接受劳动能力鉴定的；

（3）拒绝治疗的。

第二章　安全生产技术

第一节　煤矿地质基本知识

一、煤层的形成与赋存特征

（一）煤层的形成

在成煤的古地质年代，大量的高等植物死亡后，堆积的植物遗体经泥炭化作用，转变成泥炭或腐泥。泥炭或腐泥被掩埋后，由于地层下降而沉埋至地下深部，经成岩作用而转变成褐煤。由于温度和压力逐步升高，再经变质作用后转变成烟煤至无烟煤。如图 2-1 所示。

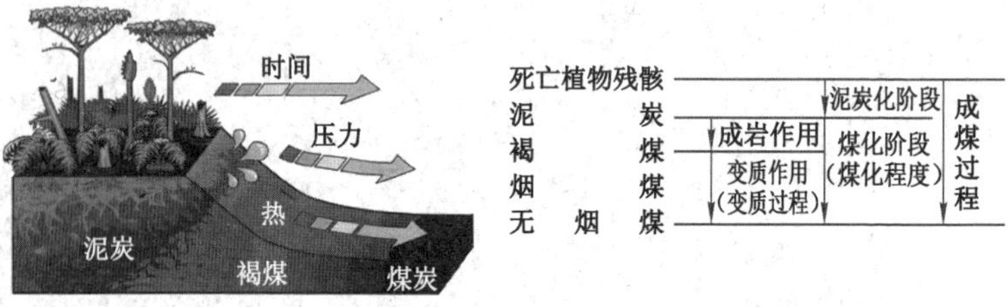

图 2-1　煤层的形成

（二）煤层的顶板与底板

1. 煤层顶板

位于煤层上部、后于煤层形成的岩层称为煤层顶板。根据顶板的岩石性质、距煤层的距离以及垮落的难易程度，一般将煤层顶板分为伪顶、直接顶和基本顶三部分，如图 2-2 所示。

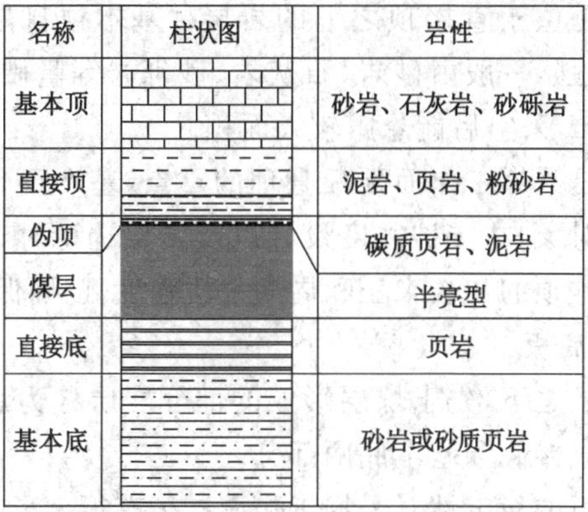

图 2-2　煤层柱状图

(1) 伪顶。

伪顶是直接位于煤层之上、极易垮落的较薄岩层。它由泥岩、碳质页岩等软弱岩层组成，厚度小于 0.5 m，常随采随落。伪顶厚度大时，会导致煤的灰分增加，影响煤炭质量。

(2) 直接顶。

直接顶是位于伪顶或煤层之上的一层或几层相同或不同的岩层。它由泥岩、页岩、粉砂岩等不稳定岩层组成，通常会随回柱放顶而垮落。直接顶的厚度是指回柱放顶后能在采空区自行垮落的岩层厚度，一般为 0.5～2 m。

直接顶破碎时会导致工作面的冒顶事故；反之，直接顶坚硬，不能自行垮落时，会出现采空区大面积悬顶的情况，此时须采取强制放顶的措施，用来保证采煤工作面的安全。所以，直接顶是采掘工作面顶板管理的重点，要求支护设备能够承担直接顶所带来的载荷。若支护设备工作阻力不足，极易出现冒顶事故，造成人员伤亡。

（3）基本顶。

基本顶是位于直接顶之上的岩层。基本顶自然分层厚度较大，整体性较强，一般由砂岩、石灰岩、砂砾岩等坚硬岩石组成，其厚度大于 2 m，采空后能悬露较大面积。

直接顶是采煤工作面顶板管理的重点，基本顶是采煤工作面顶板控制的对象，在支护密度设计以及支架选型时必须考虑能否有效抵抗基本顶的初次来压和周期来压强度，以确保安全生产。

2. 煤层底板

位于煤层之下，先于煤层形成的部分岩层称为煤层底板。煤层底板分为直接底和基本底两部分。

煤层底板的稳定性对采掘工作面支护有很大影响。如果底板破碎松软或者遇水膨胀出现底鼓，会对巷道的支护、运输带来极大影响。

3. 煤层的形态与结构

煤层埋藏特征受到成煤时期的原始条件和地壳运动的影响而不同。

埋藏在地下的煤层的赋存状态，煤层顶底板岩石性质及含水性，煤层的含瓦斯性及自燃倾向，以及受地质构造影响的程度等，称为煤层的埋藏特征。

根据煤层厚度的变化情况及其对开采的影响，可将煤层分为稳定煤层、较稳定煤层、不稳定煤层和极不稳定煤层。

（1）稳定煤层：在井田范围内厚度均大于最低可采厚度，厚度的变化有一定规律。

（2）较稳定煤层：厚度的变化较大，但在井田范围内大多可采，仅局部不可采。

（3）不稳定煤层：厚度的变化很大，在井田范围内经常出现不可采区。

（4）极不稳定煤层：煤层常呈鸡窝状、串珠状，断断续续分布，在井田范围内仅局部可采。

根据煤层中有无较稳定的夹石层,可将煤层分为简单结构煤层和复杂结构煤层。

(1) 简单结构煤层:煤层中不含夹石层,但仍可能夹杂一些矿物质透镜体或结核。

(2) 复杂结构煤层:煤层中常含有较稳定的夹石层。

4. 煤层厚度

煤层厚度指煤层顶板与底板之间的垂直距离,可分为以下三类。

(1) 薄煤层:可采厚度小于 1.3 m。

(2) 中厚煤层:可采厚度为 1.3～3.5 m。

(3) 厚煤层:可采厚度大于 3.5 m。

随着综合机械化采煤技术的发展,一般将厚度大于 6 m 的煤层称为特厚煤层。

煤层厚度直接关系到采煤方法及采煤工艺。神华集团神东煤炭集团的上湾煤矿对于厚度为 8.8 m 的煤层采取一次采全高,无论是采煤机体积结构还是支架的最大支护高度,都处于世界领先地位。而对于特厚煤层,一般采取综采放顶煤的采煤方法开采。

(三) 煤矿常见地质构造及对安全生产的影响

煤矿常见地质构造有单斜构造、断裂构造、褶皱构造、陷落柱等,这些地质构造对煤矿的生产和安全都有着不同程度的影响。

1. 单斜构造

在一定范围内,岩层大致向一个方向倾斜的构造形态称为单斜构造。为了更好地形容单斜构造,一般用煤层产状来表述。煤层的产状要素有煤层的走向、倾向和倾角。如图 2-3 所示。

(1) 煤层走向:煤层层面和假想水平面的交线叫走向线,如图 2-3 中 *ab* 所示。走向线的延伸方向代表煤层走向。

(2) 煤层倾向:在煤层层面上,与走向线垂直并沿倾斜面向下

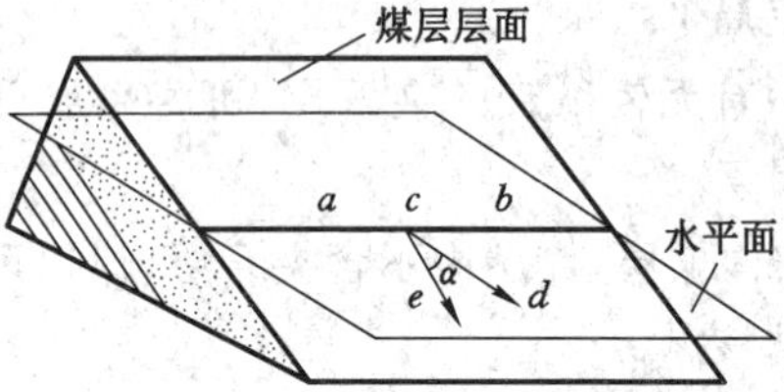

ab—走向线；*cd*—倾向线；*ce*—倾斜线；α—煤层倾角。

图 2-3　单斜构造

所引的直线称为倾斜线，如图 2-3 中 *ce* 所示。倾斜线在水平面上的投影线称为倾向线，倾向线所指的方向即为煤层的倾向，如图 2-3 中 *cd* 所示。

(3) 煤层倾角：煤层面和水平面的夹角叫煤层的倾角。根据倾角的大小，可将煤层分为以下四类。

① 近水平煤层：$\alpha<8°$。

② 缓倾斜煤层：$8°\leqslant\alpha<25°$。

③ 倾斜煤层：$25°\leqslant\alpha\leqslant45°$。

④ 急倾斜煤层：$\alpha>45°$。

单斜构造的倾角大小对开采影响极大。对于近水平煤层，一般采用倾斜长壁采煤法；对于缓倾斜煤层，一般采用走向长壁采煤法；对于急倾斜煤层，一般采用急倾斜煤层的特殊采煤方法。

2. 断裂构造

岩层受力后，作用力超过岩层强度时产生断裂，断裂后的构造形态叫断裂构造。煤岩层断裂后，根据断裂面两侧煤岩体相对位移大小及断裂面的显著程度，可将断裂构造分为节理和断层。

(1) 节理。

断裂面两侧的岩层没有发生明显位移的断裂构造叫节理，又称裂隙。

(2) 断层。

断裂面两侧的岩层产生明显位移的断裂构造叫断层，如图 2-4 所示。根据断层的形状不同，可将断层分为正断层、逆断层和平移断层，如图 2-5 所示。

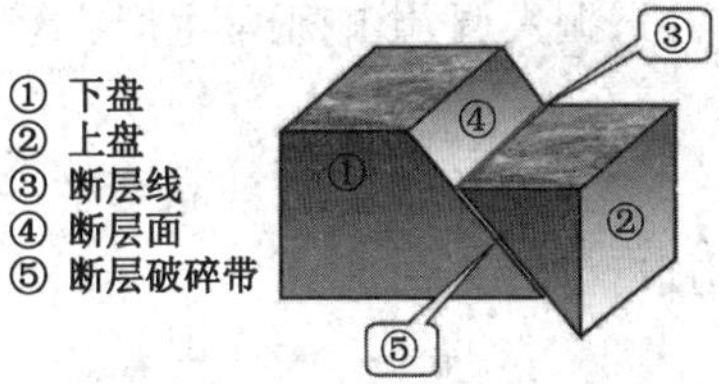

图 2-4 断层构造

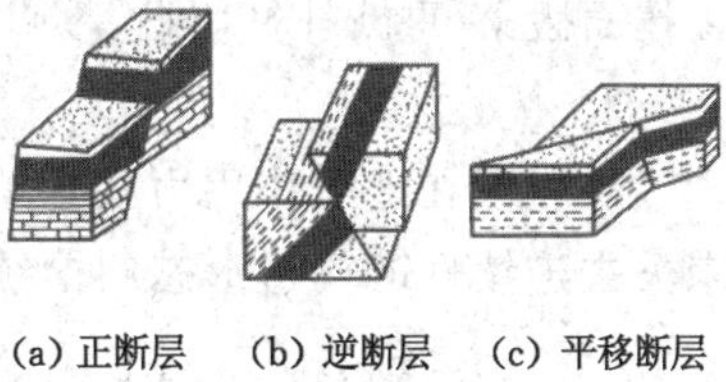

图 2-5 断层的分类

① 正断层：上盘相对下降，下盘相对上升。

② 逆断层：上盘相对上升，下盘相对下降。

③ 平移断层：煤层只是在层面内发生水平位移，没有垂直落差。

(3) 断裂构造对煤矿安全生产的影响

① 采掘工作面遇到断裂构造以后易发生冒顶事故。断裂带有一定的宽度，同时断裂带内煤层的顶底板岩层变得破碎，如不采取相关安全措施，采掘工作面接近断裂带以后容易发生顶板事故，从而给工作面的顶板管理带来很大困难。

② 断层带内可能含有矿井水。断层带波及范围较广，若与含水层、溶洞等连通，地下水进入断裂带内后极易造成水害事故。有时断裂带可直达地表，此时地表水、大气降水也可通过断裂带进入断层带内。

③ 断裂带中可能含有大量瓦斯气体。断裂构造的存在，会加大瓦斯事故发生的可能性。断裂带内的岩层破碎，煤层中的游离状态瓦斯会涌入断裂带中，形成瓦斯库，当采掘工作面接近瓦斯贮存地点时会出现瓦斯异常涌出现象，若不采取相应的安全技术措施，极易发生瓦斯事故。

④ 断层的出现可能导致掘进工作面煤层消失，加大巷道掘进工程量，甚至导致巷道报废。当断距不大时，工作面强行过断层，造成煤机截割强度增加，影响煤质；当断距过大时，需留设保护煤柱，工作面搬家，重新补打切眼等，使矿井采掘失调，影响正常生产。

3. 褶皱构造

煤岩层在地质作用力的影响下，产生变形而形成波状弯曲且未失去连续性的构造形态叫褶皱构造。如图 2-6 所示。

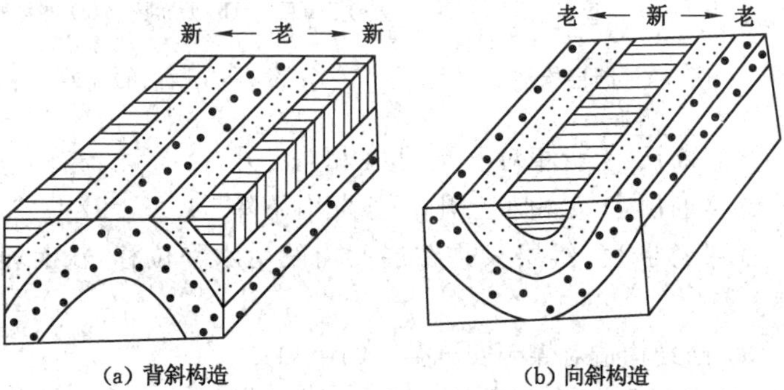

图 2-6　褶皱构造

褶皱中的一个弯曲称为褶曲。褶曲的基本形态分为背斜和向斜两种。背斜中最高的部位叫作背斜的轴，向斜最下面的部位叫作向斜的轴。

褶皱构造对煤矿安全生产的影响主要有以下几个方面。

(1) 增大开采难度。大型的向斜由于其核部煤层埋藏较深，所需开采技术较为复杂。

(2) 给顶板管理带来困难。褶曲轴部裂隙发育，岩层较为破碎，顶板不好管理，容易发生冒顶事故。

(3) 容易引起瓦斯事故。褶曲轴部较为破碎时，是瓦斯涌出的良好通道，也是瓦斯赋存的重要场所，因此易发生瓦斯事故。向斜轴部是瓦斯突出的危险区。

(4) 易发生水灾事故。褶曲轴部的裂隙是水贮存的良好场所和涌出的良好通道，因此易发生水灾事故。

4. 陷落柱

煤系地层下部存在厚度很大的可溶性石灰石、白云岩等，由于受地下水的溶蚀作用，形成岩溶空洞，在上覆岩层重力作用下，引起溶洞上部煤系地层塌陷，形成不规则的环形柱状体，即陷落柱。如图 2-7 所示。

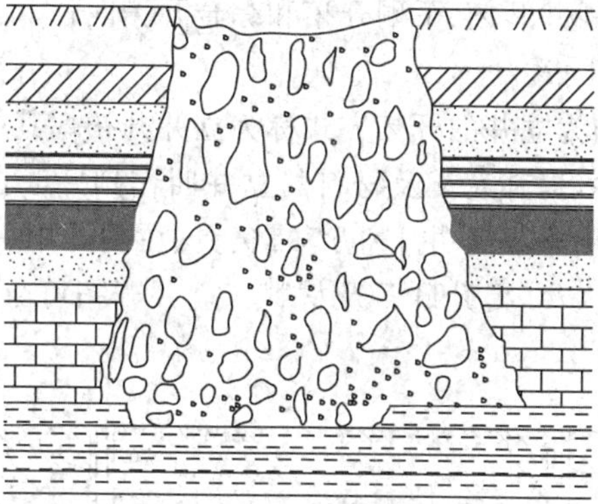

图 2-7　陷落柱

陷落柱对煤矿安全生产的影响主要有以下几个方面。

(1) 在陷落柱比较发育的矿区，煤系地层常遭到严重破坏，使煤炭储量减少。

(2) 陷落柱破坏了煤层的连续性，给巷道布置、采煤方法的选择造成很多困难。

(3) 采煤工作面若遇到陷落柱，整个生产组织将复杂化，对安全生产极为不利。

(4) 在富水矿区，陷落柱穿透含水层时，可将地下水导入井巷，对矿井安全生产的威胁极大。

第二节　煤矿开采基本知识

一、矿井开拓基本知识

（一）矿井开拓方式

为了开采地下的煤炭资源，必须在井田内从地面开掘一系列井（筒）巷（道）进入地下煤层，我们把这一系列井巷的设计、开掘统称为井田开拓。按照进入煤层的井硐形式不同，可将井田开拓分为立井开拓、斜井开拓、平硐开拓和综合开拓四种。

1. 立井开拓

主副井均为立井的开拓方式称为立井开拓。其中提升煤炭的立井叫作主井，提升人员及材料的立井叫作副井。在主井中一般都安装箕斗，用来提升井下生产的煤炭；在副井中一般都安装罐笼，用来升降人员、提升矸石及材料。立井开拓可分为多种方式，如图 2-8 所示。

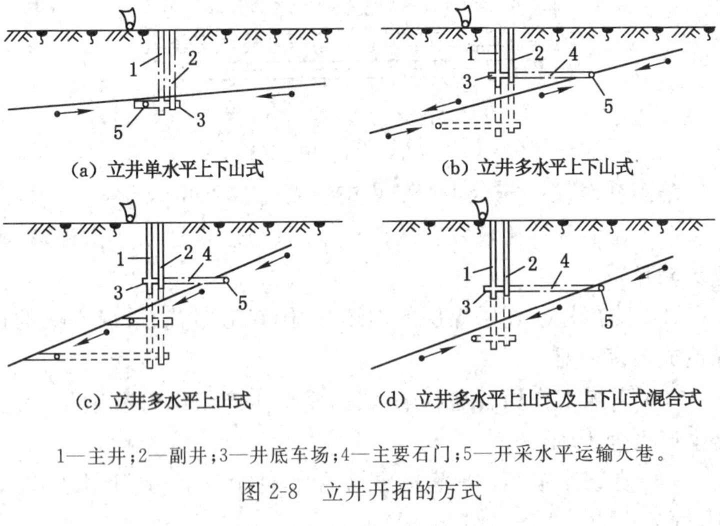

(a) 立井单水平上下山式　(b) 立井多水平上下山式

(c) 立井多水平上山式　(d) 立井多水平上山式及上下山式混合式

1—主井；2—副井；3—井底车场；4—主要石门；5—开采水平运输大巷。

图 2-8　立井开拓的方式

立井开拓一般适用于煤层埋藏比较深、矿井水文地质条件比较复杂的煤层埋藏条件。

2. 斜井开拓

主副井均为斜井的开拓方式称为斜井开拓。斜井开拓分为片盘斜井和分区斜井两种开拓方式。如图 2-9、图 2-10 所示。

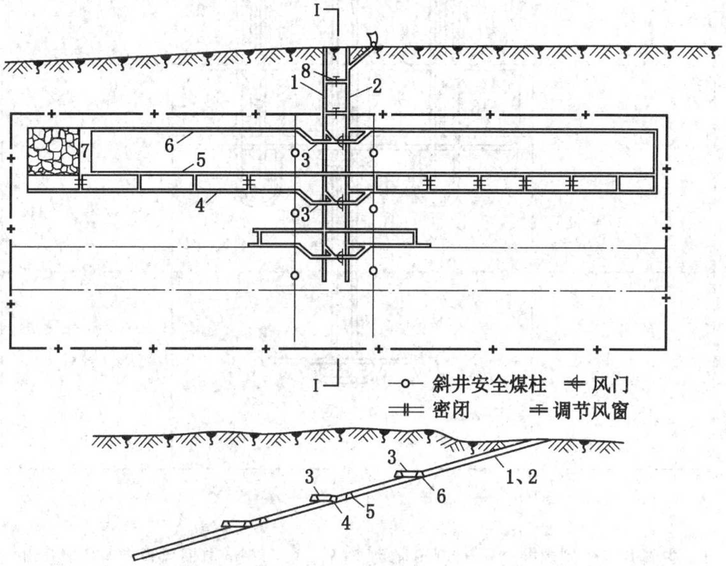

1—主井；2—副井；3—片盘车场；4—阶段运输平巷；
5—辅巷；6—阶段回风平巷；7—采煤工作面；8—联络巷。

图 2-9　片盘斜井开拓

根据矿井生产能力、井筒倾角大小不同，斜井开拓的井筒装备也不同。

斜井开拓适用于煤层埋藏较浅、表土层不厚、水文地质条件简单、井筒不需要特殊施工的缓倾斜煤层和倾斜煤层埋藏条件。

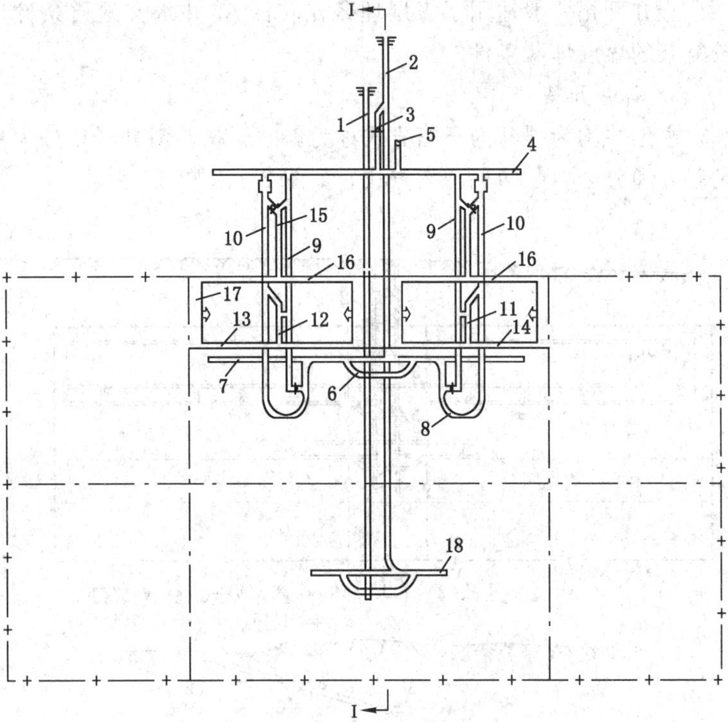

1—主斜井；2—副斜井；3—＋80 m 辅助车场；4—＋80 m 总回风道；5—边界风井；
6—井底车场；7——100 m 运输大巷；8—采区下部车场；9—采区运输上山；
10—采区轨道上山；11—M4 区段运输平巷；12—区段运输石门；
13—M1 区 段运输平巷；14—M4 区段回风平巷；15—区段回风石门；
16—M1 区段回风平巷；17—采煤工作面；18——280 m 运输大巷。

图 2-10　分区斜井开拓

3. 平硐开拓

从地面利用水平巷道进入地下煤层的开拓方式称为平硐开拓。

平硐开拓常用在一些山岭和丘陵地区。

根据煤层与平硐的相对位置关系，平硐开拓可分为走向平硐、垂直平硐和斜交平硐。走向平硐和垂直平硐如图 2-11 所示。

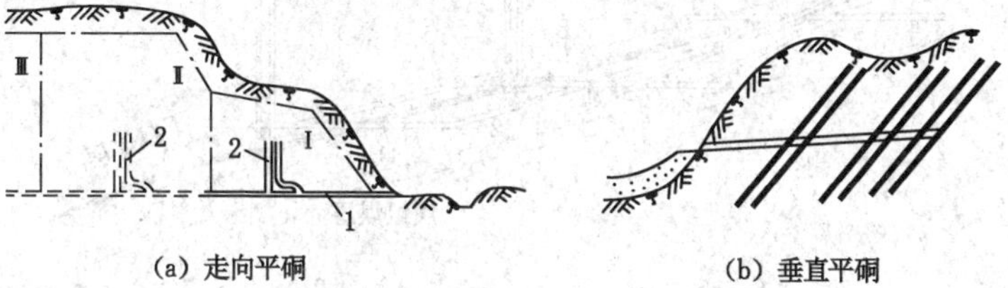

1—主平硐；2—盘区上山。

图 2-11　平硐开拓

平硐开拓是最优的和最简单的开拓方式，其生产系统简单，通过能力大，施工设备简单，施工容易，建设速度比其他方式要快，工期短，出煤快，初期投资少，利于排水，投入与运营成本相对较低，便于运输。

4. 综合开拓

矿井的主副井采用不同的井筒形式进行开拓时，称为综合开拓。常见的综合开拓方式有主斜井-副立井开拓(图 2-12)、平硐-立井开拓等。

(二) 矿井生产系统

矿井的生产系统主要有采煤系统，运煤系统，通风系统，运料、排矸系统，排水系统，供电系统，供水系统等。

1. 采煤系统

在采区内布置准备巷道和回采巷道，建立完善的出煤、排矸、运料、通风、排水和供电等生产系统，称为采区巷道布置，亦称采煤系统。

根据不同的地质条件，采用不同的采煤工艺，采煤系统会有很大的差别。但是其巷道的构成是基本一致的，都由采煤工作面或切眼、采煤工作面上下平巷、采区上(下)山或盘区石门等巷道组成。

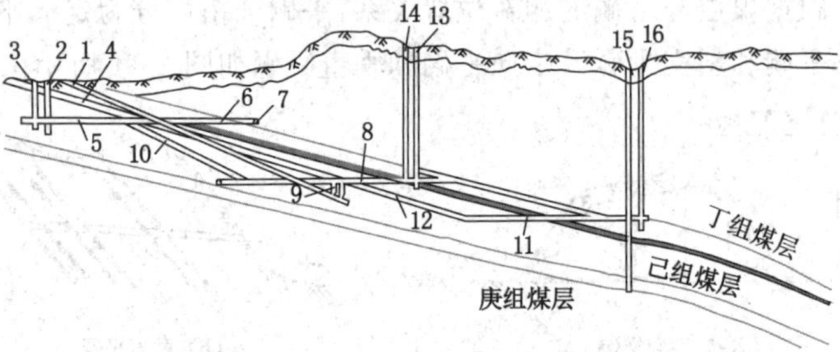

1—主斜井；2——水平主立井；3—副立井；4—戊组采区回风井；
5，6——水平戊组和丁组主石门；7——水平分组运输大巷；
8—二水平主石门；9—二水平井底煤仓；10—二水平暗斜井；
11—三水平主石门；12—三水平暗斜井；13—二水平材料立井；
14—二水平回风立井；15—三水平材料立井；16—三水平回风立井。

图 2-12 大型矿井主斜井-副立井综合开拓

2. 运煤系统

运煤系统是把煤炭从采场运出，通过一些关联的巷道、井(硐)，利用一些运输设备将采煤工作面生产的煤炭运送到地面的系统。各种矿井开拓方式、不同的采煤方法都有其独特的和完整的采煤及运输煤炭的方法。

为保证连续生产，一般都在井下布置有采区煤仓和主煤仓用来缓解采运之间的矛盾，以实现均衡生产。

3. 通风系统

风流由进风井口进入矿井后，经过井下各用风场所，并从回风井排出矿井。风流所经过的整个路线及配套的通风设施，总称为通风系统。通风系统包括矿井通风方式、通风方法和通风网络。

4. 运料、排矸系统

煤矿井下掘进、采煤等场所所需的材料、设备，一般情况下都是从地面副井经由井底车场、大巷等运送的。而采煤工作面回收的材料、设备和掘进工作面运出的矸石，又要由与运料时相反的方向运至地面，这就形成了运料、排矸系统。

5. 排水系统

为了保证煤矿的生产安全，井下的自然涌水、工程废水等都必须排至井上。由排水沟、井底水仓及采区水仓、排水泵、排水管路等所形成的系统称为排水系统。

6. 供电系统

矿井的供电系统是非常重要的系统，它主要提供矿井生产的动力电源。

7. 供水系统

井下的供水系统是提供井下生产用水及洒水灭尘不可缺少的系统。

（三）采煤方法与采煤工艺

采煤方法为采煤系统与采煤工艺的总称。根据不同的矿山地质及技术条件，可以将不同的采煤方法与采煤工艺相结合，井田内的地质条件与开采条件的不同，直接影响到采煤方法的选择。采煤方法大体上可归纳为壁式采煤法和柱式采煤法两大体系。这两大体系的采煤方法在巷道布置、运输方式和采煤工艺上都有很大区别，采煤设备也不相同。世界上除美国等少数国家以柱式采煤法为主外，其他各主要产煤国都以壁式采煤法为主。

采煤工艺包括采煤工作面的破煤、装煤、运煤、支护及采空区处理。根据采煤工作面机械化程度不同，可分为爆破采煤、普通机械化采煤和综合机械化采煤。

1. 爆破采煤工艺

爆破采煤也称炮采，其工艺过程包括爆破落煤、装煤、运煤、炮采工作面的支护和采空区处理等。

（1）爆破落煤。

爆破落煤是指先由采煤工人用煤电钻在煤壁上打眼（视煤层的厚度可打单排眼、双排眼或三排眼），眼深一般为 1～1.5 m，并向炮眼内安装炸药、雷管和填塞炮泥，再由爆破工人用专门的起爆器爆破。图 2-13 为单排眼布置爆破落煤。

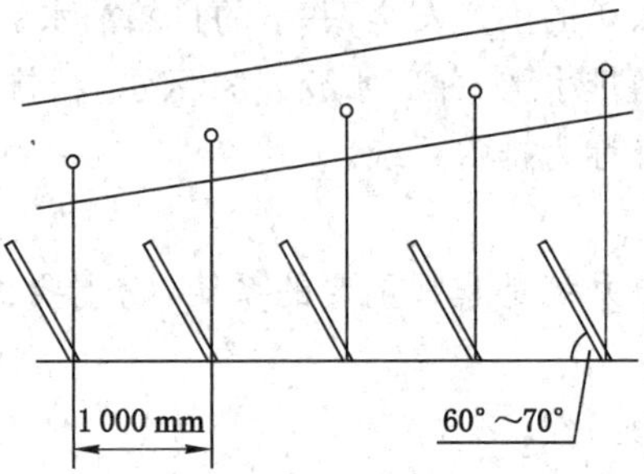

图 2-13　单排眼布置爆破落煤

（2）装煤与运煤。

爆破后炸碎的煤堆积在煤层及底板上，需要用人力装入刮板输送机运出。工作面运煤是炮采工作面实现机械化的唯一工序。

（3）炮采工作面的支护和采空区处理。

炮采工作面通常采用单体液压支柱配合金属铰接顶梁或者Ⅱ形梁支护。其布置方式有齐梁直线柱和错梁直线柱两种。一般根据直接顶的岩性采用 3～4 排管理。炮采工作面支护方式如图 2-14 所示。

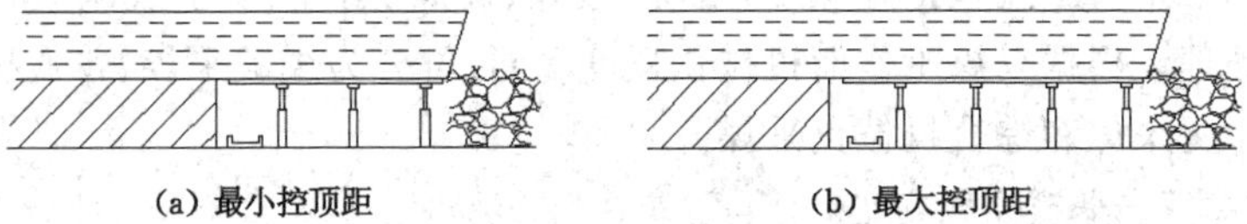

图 2-14　炮采工作面支护方式

炮采工作面采用单体支柱配合金属顶梁支护，在支护到人工回柱放顶过程中，由于支护强度较小加之是单体支柱，故而容易发生冒顶事故。

采空区处理方法一般为全部垮落法，即采煤工作面达到最大控顶距时，有计划地回收采空区一侧1～2排支柱，使顶板自然垮落，以减轻工作面支柱上的压力。同时，将垮落的直接顶充填于采空区内，以减轻基本顶对工作面的压力。

(4) 炮采工作面的安全问题。

炮采工作面常出现炮烟中毒、拒爆、放空炮、爆破崩人、爆破崩倒支架及爆破引燃瓦斯等安全问题。

2. 普通机械化采煤工艺

普通机械化采煤工作面安装有单滚筒或双滚筒浅截齿采煤机、可弯曲刮板输送机、金属摩擦支柱或单体液压支柱、金属铰接顶梁以及液压千斤顶等设备。采煤工作面回采工艺的落煤、装煤和运煤实现了机械化，而支护和采空区处理需要由人工完成。

普采工作面采用单滚筒采煤机割煤，在割煤的同时，利用滚筒上的螺旋叶片将煤推入工作面的刮板输送机溜槽内。为了采煤机能顺利割煤，需要在工作面的两端人工打眼爆破开出切口，配合采煤机完成进刀工作。

3. 综合机械化采煤

综合机械化采煤是指采煤工作面的落煤、装煤、运煤、支护和采空区处理等主要工序全部实现了机械化。综采工作面的主要设备是自移式液压支架、采煤机、可弯曲刮板输送机和端头支护设备(端头支架)。

(1) 综采工作面设备布置。

综采工作面设备有大功率的双滚筒采煤机、大功率的双中心链可弯曲刮板输送机、自移式液压支架、桥式转载机、可伸缩带式输送机，实现了采煤全过程机械化。动力装置有移动变电站和乳化液泵站。综采工作面设备布置如图2-15所示。

(2) 综采工作面破煤。

综采工作面采用双滚筒采煤机，如图2-16所示。

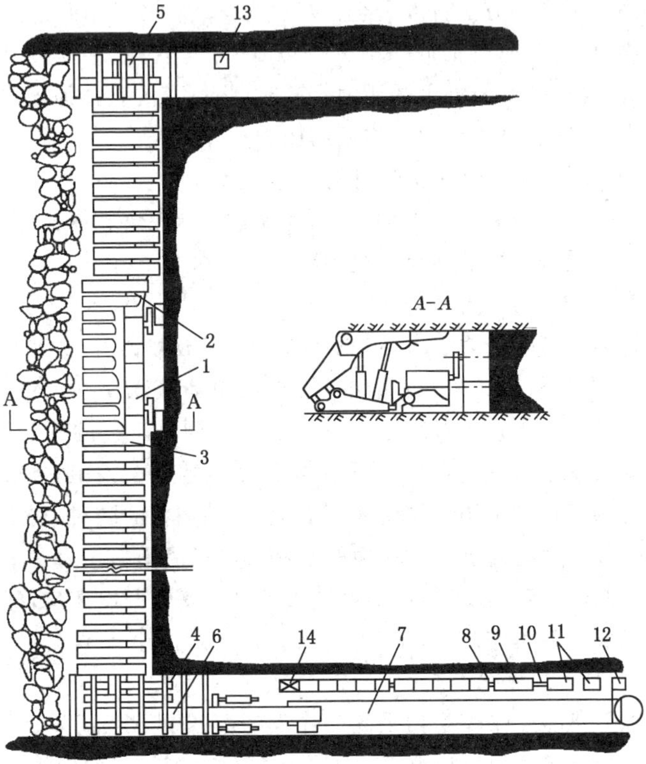

1—采煤机；2—刮板输送机；3—液压支架；4—下端头支架；
5—上端头支架；6—转载机；7—可伸缩带式输送机；
8—配电箱；9—乳化液泵站；10—设备列车；11—移动变电站；
12—喷雾泵站；13—液压安全绞车；14—集中控制台。

图 2-15 综采工作面设备布置图

① 综采工作面采煤机进刀方式。

双滚筒采煤机有自开缺口的能力。目前综采工作面大多采用端头或中部斜切进刀方式。图 2-17 为双滚筒采煤机端部割三角煤斜切进刀方式。

图 2-16　双滚筒采煤机

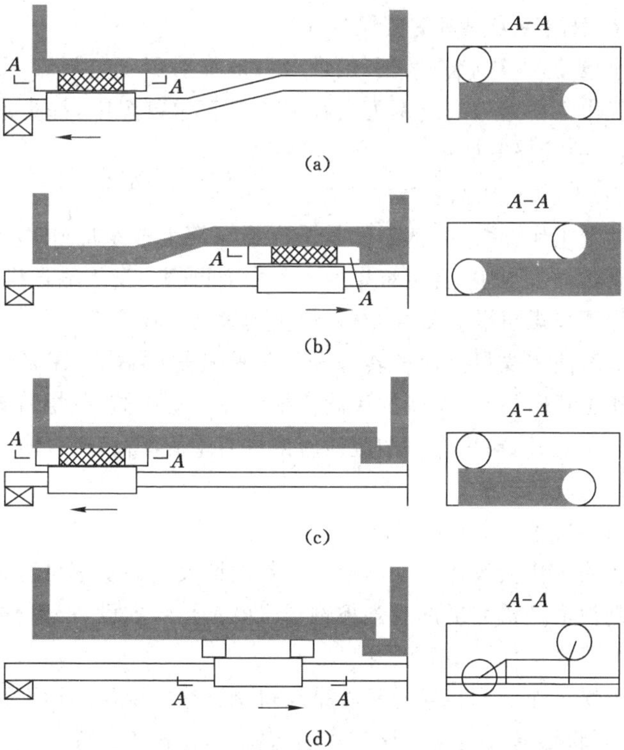

图 2-17　双滚筒采煤机端部割三角煤斜切进刀方式

图 2-17(a):当采煤机割至工作面端头时,其后方一定距离以外的输送机已移近煤壁,前后滚筒间尚留有一段底煤。

图 2-17(b):调换滚筒位置,前滚筒降下,后滚筒升起,并沿输送机弯曲段反向割入煤壁,直至输送机直线段为止,而后将输送机移直。

图 2-17(c):调换两个滚筒的上、下位置,重新返回割三角煤至输送机机头处,机身处留有一段底煤。

图 2-17(d):再次调换滚筒的上、下位置,采煤机上行,将机身下的底煤割掉。煤壁割直后,上行正常割煤。

② 双滚筒采煤机的割煤方式。

双滚筒采煤机在工作面割煤时一般都采用双向割煤,即采煤机在工作面往返一次进两刀。在采煤机正常割煤中,都是前滚筒割顶煤,后滚筒割底煤。

(3) 综采工作面装煤。

综采工作面装煤,依靠的是采煤机滚筒上的螺旋叶片在采煤机滚筒转动割煤中,直接将煤推入工作面可弯曲刮板输送机槽内。为了保证采煤机顺利装煤,对采煤机的螺旋滚筒配置有具体规定。

双滚筒采煤机滚筒的转向和位置原则是:当司机在采煤工作面操作位置时,司机左侧的滚筒应配置左螺旋滚筒,割煤时滚筒逆时针方向旋转;司机右侧的滚筒应配置右螺旋滚筒,割煤时滚筒顺时针方向旋转。

(4) 综采工作面运煤。

综采工作面运煤是依靠沿着工作面铺设的大功率可弯曲双中心链刮板输送机完成的。刮板输送机既是运煤的设备又是采煤机的运行轨道。如图 2-18 所示。

采煤工作面刮板输送机将采煤机割下来的煤炭先运至平巷转载机,再将煤转载至可伸缩带式输送机,以运出工作面。

(5) 综采工作面支护及采空区处理。

图 2-18 可弯曲刮板输送机

液压支架是综采工作面的主要标志。它由顶梁、底座、推移千斤顶、立柱、控制装置等组成。按其与围岩的相互作用方式，液压支架可分为支撑式液压支架、掩护式液压支架和支撑掩护式液压支架三种。

① 支撑式液压支架(垛式支架)：顶梁较长，支撑力大，一般为四柱，切顶性能较好，适用于顶板坚硬完整、周期压力明显和底板较硬的薄及中厚煤层。如图 2-19 所示。

② 掩护式液压支架：支架的顶梁较长，有一个整体的掩护板可将工作空间和采空区完全隔开，适用于中等稳定和易于冒落的顶板。如图 2-20 所示。

③ 支撑掩护式液压支架：以支撑为主，兼有隔离采空区矸石的能力。它的作用介于支撑式液压支架和掩护式液压支架之间，是目前重点发展的架型。如图 2-21 所示。

各种类型支架的动作原理基本相同，均用高压乳化液作为动力。支架的操作由操纵阀控制，可在本架、邻架或分组控制。

综采工作面在移架过程中，采空区后方悬露的直接顶在矿山压力的作用下一般会自然垮落，如果直接顶坚硬、悬顶距离过大，

图 2-19　支撑式液压支架

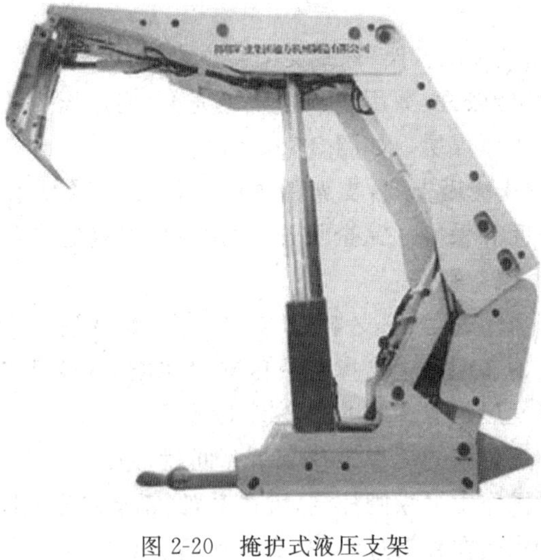

图 2-20　掩护式液压支架

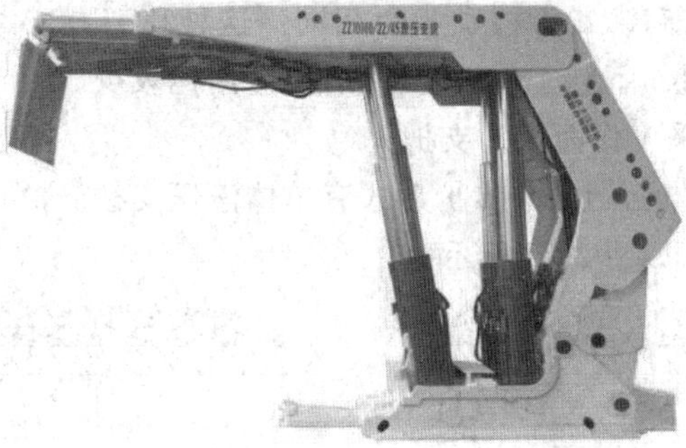

图 2-21　支撑掩护式液压支架

就必须进行强制放顶以减轻支架上方的压力。综采工作面的移架方式有依次顺序式移架、分组间隔交错式移架和分组整体依次顺序式移架三种。

① 依次顺序式移架：又称单架连续式移架，支架沿采煤机牵引方向依次前移，移动步距等于截深，支架移成一条直线。该方式操作简单，容易保证规格质量，能适应不稳定顶板，应用较多。

② 分组间隔交错式移架：移架速度快，适用于顶板较稳定的工作面。

③ 分组整体依次顺序式移架：每次移 1 组，每组 2～3 架。该方式适用于煤层地质条件好、采煤机快速牵引割煤的日产万吨综采工作面。

(6) 综采工作面工序配合方式。

综采工作面主要工序有采煤机割煤、移架、推移输送机等，其配合方式如下。

① 及时支护方式。采煤机割煤以后，支架依次或分组跟机立即前移，输送机随移架逐段移向煤壁，推移步距等于采煤机的截深。

② 滞后支护方式。割煤以后，输送机首先逐段移向煤壁，支

架随输送机前移，二者移动步距相同。这种移架方式由于顶板的空顶时间较长，不利于顶板管理，所以应用比较少。

(7) 综采工作面端头支护。

综采工作面的端头支护形式有单体液压支柱支护和自移式端头支架支护，如图 2-22 所示。

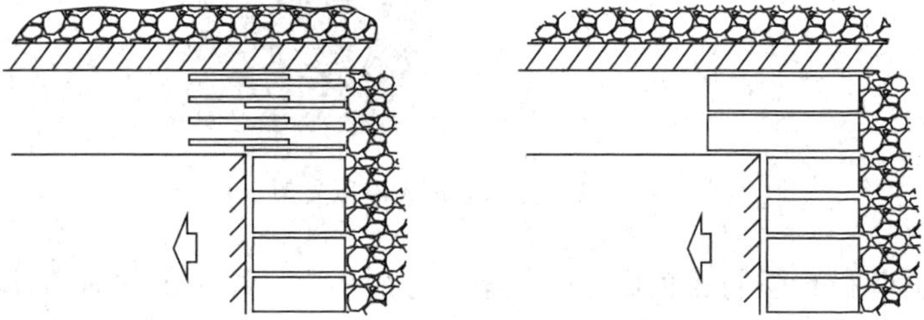
(a) 单体液压支柱支护　　(b) 自移式端头支架支护

图 2-22　综采工作面端头支护形式

① 单体液压支柱支护，如图 2-22(a)所示。该支护方式与普通机械化采煤工作面相同，优点是适应性强，缺点是支护能力较小，劳动强度大。

② 自移式端头支架支护，如图 2-22(b)所示。该支护方式是在工作面上下缺口处各布置两架端头支架，优点是支护能力强、移动速度快，缺点是对平巷条件适应性比较差。

现场工作中端头支架形式要根据具体工作条件选择。

(8) 综采工作面安全管理面临的问题。

① 人为因素造成的安全问题。

造成安全隐患的人为原因主要有：矿工的专业素质不高、文化程度较低，矿工队伍的素质与新技术、新装备的发展不相适应，班组管理不严谨、内部责权利分工不清晰，岗前的安全技术培训未落到实处，安全生产的制度、方针政策以及措施等未落实到矿工身上。

② 设备因素造成的安全问题。

机械设备因素是造成煤矿综采工作产生安全隐患的主要原因之一，其中较为常发的主要有顶板事故、运输事故和机电事故等。机械设备的使用和维修不当、设备的维护检查不合格等原因导致的工作面涌水、瓦斯爆炸、顶板事故以及粉尘爆炸等事故时有发生。

③ 环境因素造成的安全问题。

环境因素是导致煤矿事故发生的基础因素，也是影响煤矿综采工作面安全的重要因素。环境因素主要包括湿度、温度、照度、瓦斯、噪声和生产空间等。矿井下的生产环境非常恶劣，对人的生理和心理健康状况都会产生消极影响。同时，恶劣的生产环境也会对机械设备造成严重的影响和破坏。

④ 煤矿安全管理的系统分析。

基础安全管理和动态安全管理是煤矿安全管理的两个主要方面。在目前煤矿综采工作面的安全管理中，安全管理的结构不完善、监管力度不够、安全管理的检查和评估标准存在缺陷等，导致安全管理系统的评估标准不统一、评估结果缺乏可信度，使煤矿安全评估工作无法制度化和系统化。

4. 特厚煤层采煤法

煤层厚度超过 6 m 时，采用长壁工作面一次采全高比较困难。采高越大，顶板越不易控制，对支护设备材料和结构的要求也越高，安全越难保证。为克服这些困难，可将厚煤层进行分层依次开采，或者采用放顶煤开采方法。

(1) 特厚煤层分层采煤法。

特厚煤层的分层方法主要有倾斜分层、水平分层和斜切分层三种。

① 倾斜分层：沿煤层的倾斜方向，在煤层厚度上将煤层分为若干个分层，各分层的顶板与煤层顶底板平行。在各分层内布置

工作面,各分层依次或同时开采。这种方法适用于开采倾斜及以下的特厚煤层。

② 水平分层:把特厚煤层划分为与水平面平行的若干分层。水平分层适用于开采急斜特厚煤层。

③ 斜切分层:沿煤层走向从顶板以一定的角度将煤层分为若干分层。

(2) 特厚煤层放顶煤采煤法。

放顶煤采煤法是在特厚煤层的某一底部位置布置采煤工作面,其回采工艺与缓斜厚及中厚煤层长壁回采工艺基本相同,但是多了一个利用矿山压力措施将顶煤一起放落的工艺过程。

放顶煤采煤法包括以下四种类型。

① 一次采全厚放顶煤开采。它是在煤层底板布置采煤工作面,在采落的同时放落顶板。这种方法一般适用于厚度为 6～12 m 的缓斜特厚煤层。我国在放顶煤采煤中主要使用这种方法。

② 预采顶分层放顶煤开采。具体方法是:先沿煤层顶板布置一个普通一次采全高的长壁工作面,预采顶分层;再沿煤层底板布置放顶煤工作面,将两个工作面之间的顶煤放出。这种方法适用于直接顶坚硬、不易冒落,或者煤层中瓦斯含量大、需要预先排放瓦斯的煤层。

③ 倾斜分段放顶煤开采。当煤层厚度超过 15～20 m 时,可自煤层顶板至底板将煤层分成若干个分段,依次进行放顶煤开采。该方法一般适用于厚度在 15～20 m 以上的煤层。

④ 急倾斜特厚煤层水平分段放顶煤开采。该方法沿垂直高度自上而下分段逐个布置水平或倾斜工作面进行放顶煤开采。

第三章　矿井通风基础

第一节　矿井空气

一、地面空气的组成

地面空气是由干空气和水蒸气组成的混合气体，通常称为湿空气。干空气是指完全不含有水蒸气的空气，是由氧气(O_2)、氮气(N_2)、二氧化碳(CO_2)、氩气(Ar)、氖气(Ne)和其他一些微量气体组成的混合气体。干空气的组成成分比较稳定，如表 3-1 所示。

表 3-1　干空气的组成成分

气体名称	按体积计/%	按质量计/%
氧气(O_2)	20.94	23.14
氮气(N_2)	78.09	75.53
二氧化碳(CO_2)	0.03	0.05
稀有气体	0.94	1.28

湿空气中仅含有少量的水蒸气，但其含量的变化会引起湿空气的物理性质和状态发生变化。

二、矿井空气和气候

(一) 矿井空气主要成分及其性质

地面空气进入矿井采掘地点以后，由于受到污染，其成分和性质会发生一系列的变化。如氧气含量降低，二氧化碳含量升高；混入各种有毒、有害气体和矿尘；空气的状态参数（温度、湿度、压力等）发生改变等。一般将井巷中没经过用风地点、受污染程度较轻的进风巷道内的空气，称为新鲜空气；将经过用风地点、受污染程度较重的回风巷道内的空气，称为污浊空气或乏气。

尽管矿井空气与地面空气相比，在性质上存在许多差异，但进入矿井的新鲜空气的主要成分仍然是氧气、氮气和二氧化碳。

1. 氧气

氧气是维持人体正常生理机能所需要的气体。人类在生命活动过程中，必须不断吸入氧气、呼出二氧化碳。人体维持正常生命过程所需的氧气量取决于人的体质、精神状态和劳动强度等。当空气中的氧浓度降低时，人体就可能产生不良的生理反应，出现种种不舒适的症状，严重时可能导致缺氧死亡。人体缺氧症状与空气中氧浓度的关系如表 3-2 所示。

表 3-2　人体缺氧症状与空气中氧浓度的关系

氧浓度（体积）/%	主要症状
17	静止时无影响，工作时能引起喘息和呼吸困难
15	呼吸及心跳急促，耳鸣目眩，感觉和判断能力降低，丧失劳动能力
10～12	失去理智，时间稍长有生命危险
6～9	失去知觉，呼吸停止，如不及时抢救，几分钟内便可导致死亡

造成矿井空气中氧浓度降低的主要原因有：人员呼吸，煤岩和其他有机物的缓慢氧化，煤炭自燃，瓦斯、煤尘爆炸。此外，煤岩和生产过程中产生的各种有害气体，也会使空气中的氧浓度相对降低。所以，在井下通风不良的地点，空气中的氧浓度可能显著降低，如果不经检查而贸然进入，可能引起人员缺氧窒息。

2. 二氧化碳

二氧化碳不助燃，也不能供人呼吸，略带酸臭味。二氧化碳比空气重，与空气的相对密度为1.52。在风速较小的巷道中，底板附近的二氧化碳浓度较大；在风速较大的巷道中，二氧化碳一般能与空气均匀地混合。

新鲜空气中含有微量的二氧化碳对人体是无害的。二氧化碳对人体的呼吸中枢神经有刺激作用，如果空气中完全不含有二氧化碳，则人体的正常呼吸功能就不能维持。所以在抢救遇险者进行人工输氧时，往往要在氧气中加入5%的二氧化碳，以刺激遇险者的呼吸机能。但当空气中二氧化碳的浓度过高时，也将使空气中的氧浓度相对降低，轻则使人呼吸加快、呼吸量增加，严重时可能造成人员中毒或窒息。

矿井空气中二氧化碳的主要来源有：煤和坑木的氧化；碳酸型岩石的分解；从煤层或围岩中涌出；井下火灾或者火区内；井下爆破作业；人员呼吸；瓦斯、煤尘爆炸等。

3. 氮气

氮气是一种惰性气体，是新鲜空气的主要成分，它本身无毒、不助燃，也不供呼吸。若空气中氮气浓度升高，则势必造成氧浓度相对降低，从而可能导致对人员的窒息性伤害。正因为氮气为惰性气体，因此可将其用于井下防灭火和防止瓦斯爆炸。

矿井空气中氮气的主要来源有：井下爆破和生物的腐烂及从煤岩层中涌出。

（二）矿井主要有害气体及其主要性质

1. 一氧化碳(CO)

一氧化碳是一种无色、无味、无臭的气体，相对密度为0.97，微溶于水，能与空气均匀地混合。一氧化碳能燃烧，当空气中一氧化碳的浓度在13%～75%时有爆炸危险。

一氧化碳与人体血液中血红素的亲和力比氧大250～300倍。一氧化碳进入人体后，首先与血液中的血红素相结合，因而减少了血红素与氧结合的机会，使血红素失去输氧的功能，从而造成人体血液“窒息”。所以，医学上又将一氧化碳称为血液窒息性气体。

矿井空气中一氧化碳的主要来源有：井下爆破，矿井火灾，煤炭自燃以及煤尘、瓦斯爆炸等。

2. 硫化氢(H_2S)

硫化氢无色、微甜、有浓烈的臭鸡蛋味，当空气中硫化氢的浓度达到0.000 1%时即可嗅到，但当浓度较高时，因嗅觉神经中毒麻痹，反而嗅不到。硫化氢的相对密度为1.19，易溶于水，在常温、常压下一个体积的水可溶解2.5个体积的硫化氢，所以它可能积存于旧巷的积水中。硫化氢能燃烧，当空气中硫化氢的浓度为4.3%～45.5%时有爆炸危险。

硫化氢有剧毒，有强烈的刺激作用，不但能引起鼻炎、气管炎和肺水肿，而且能阻碍生物的氧化过程，使人体缺氧。当空气中硫化氢浓度较低时，以腐蚀刺激作用为主；浓度较高时，能引起人员迅速昏迷或死亡，腐蚀刺激作用往往不明显。

空气中硫化氢的主要来源有有机物腐烂、含硫矿物的水解、矿物氧化和燃烧、从老空区和旧巷积水中放出等，我国有些矿区的煤层中也有硫化氢涌出。

3. 二氧化氮(NO_2)

二氧化氮是一种褐红色的气体，有强烈的刺激性气味，相对密度为1.59，易溶于水。二氧化氮溶于水后会生成腐蚀性很强的硝酸，对眼睛、呼吸道黏膜和肺部组织有强烈的刺激及腐蚀作用，严重时可引起肺水肿。二氧化氮中毒有潜伏期，有些人在严重中毒时尚无明显感觉，还可坚持工作，但6～24 h后症状发作，中毒者的手指头会出现黄色斑点，并出现严重的咳嗽、头痛、呕吐症状，甚至死亡。

矿井空气中二氧化氮的主要来源是井下爆破作业。

4. 二氧化硫(SO_2)

二氧化硫无色、有强烈的硫黄气味及酸味，当空气中二氧化硫的浓度达到 0.000 5%时即可嗅到。二氧化硫的相对密度为 2.22。在风速较小时，二氧化硫易积聚于巷道的底部。二氧化硫易溶于水，在常温、常压下 1 个体积的水可溶解 4 个体积的二氧化硫。二氧化硫遇水后生成硫酸，对眼睛及呼吸系统黏膜有强烈的刺激作用，可引起喉炎和肺水肿。当空气中的二氧化硫浓度达到 0.002%时，眼睛及呼吸器官即感受到强烈的刺激；浓度达到 0.05% 时，短时间内即可造成生命危险。

矿井空气中二氧化硫的主要来源有含硫矿物的氧化与自燃，含硫矿物的爆破以及从含硫矿层中涌出。

5. 氨气(NH_3)

氨气是一种无色、有浓烈臭味的气体，比重为 0.596，易溶于水，当空气中氨气的浓度达到 30%时有爆炸危险。氨气对皮肤和呼吸道黏膜有刺激作用，可引起喉头水肿。

矿井空气中氨气的主要来源有爆破作业、用水灭火等，部分岩层中也有氨气涌出。

6. 氢气(H_2)

氢气无色、无味、无毒，相对密度为 0.07。氢气能自燃，当空气中氢气的浓度为 4%～74%时有爆炸危险。

空气中氢气的主要来源是井下蓄电池充电时放出，有些中等变质的煤层中也有氢气涌出。

(三) 矿井空气主要成分的浓度标准

由于矿井空气质量对人员健康和矿井安全有着重要的影响，所以《煤矿安全规程》对矿井空气主要成分(氧气、二氧化碳)的浓度标准做出了明确的规定：采掘工作面进风流中的氧气浓度不得低于 20%，二氧化碳浓度不得超过 0.5%。有害气体的最高允许浓度如表 3-3 所示。

表 3-3 矿井有害气体最高允许浓度

名称	最高允许浓度/%
一氧化碳	0.002 4
氧化氮(换算成二氧化氮)	0.000 25
二氧化硫	0.000 5
硫化氢	0.000 66
氨气	0.004

注:瓦斯、二氧化碳和氢气的允许浓度按照《煤矿安全规程》的有关规定执行。矿井所有气体的浓度均按体积百分比计算。

(四)矿井气候

矿井气候是指矿井空气的温度、湿度和流速这三个参数的综合作用状态。矿井气候条件的好坏,对井下作业人员的身体健康和劳动安全有着重要的影响,良好的矿井气候条件是保证矿井安全生产的重要因素。因此,保持良好的矿井气候条件是矿井通风的基本任务之一。

1. 矿井空气温度

矿井空气温度是影响矿井气候条件的主要因素,它与人体温度差的大小直接影响身体向外散热的快慢。温度过高或过低时,都会使人感到不舒适,甚至危害身体健康。最适宜的井下空气温度是 15～20 ℃。

《煤矿安全规程》第六百五十五条规定:当采掘工作面空气温度超过 26 ℃、机电设备硐室超过 30 ℃时,必须缩短超温地点工作人员的工作时间,并给予高温保健待遇。当采掘工作面的空气温度超过 30 ℃、机电设备硐室超过 34 ℃时,必须停止作业。新建、改扩建矿井设计时,必须进行矿井风温预测计算,超温地点必须有降温设施。

《煤矿安全规程》第六百五十六条规定:有热害的井工煤矿应

当采取通风等非机械制冷降温措施。无法达到环境温度要求时，应当采用机械制冷降温措施。

2. 矿井空气的湿度

空气的湿度是指空气中所含水蒸气的量，表示湿度的方法有绝对湿度和相对湿度两种。绝对湿度是指 1 m^3 或 1 kg 空气中所含水蒸气的克数。相对湿度是指某一体积空气中实际含有的水蒸气量与同温同压下饱和水蒸气量之比的百分数。

3. 井巷风速

风速是指风流单位时间内流过的距离。井巷气候条件的好坏主要是指人体向外散热条件的好坏，这与风速有关。风速过低时，汗水不易蒸发，人体多余的热量不易散失掉，人就会感到闷热不舒服，同时瓦斯也容易积聚；风速过高时，容易使人感冒，矿尘飞扬。因此，《煤矿安全规程》规定了井巷中的允许风流速度，如表 3-4 所示。

表 3-4 井巷中的允许风流速度

井巷名称	允许风速/($m \cdot s^{-1}$)	
	最低	最高
无提升设备的风井和风硐		15
专为升降物料的井筒		12
风桥		10
升降人员和物料的井筒		8
主要进、回风巷		8
架线电机车巷道	1.0	8
输送机巷，采区进、回风巷	0.25	6
采煤工作面、掘进中的煤巷和半煤岩巷	0.25	4
掘进中的岩巷	0.15	4
其他通风人行巷道	0.15	

设有梯子间的井筒或修理中的井筒，风速不得超过 8 m/s；梯子间四周经封闭后，井筒中的最高允许风速可以按表 3-4 规定执行。综合机械化采煤工作面，在采取煤层注水和采煤机喷雾降尘等措施后，其最大风速可高于表 3-4 的规定值，但不得超过 5 m/s。

4. 矿井气候条件的改善

改善矿井气候条件的目的是将井下特别是采掘地点的空气温度、湿度和风速合理配置，以创造良好的作业环境，保证作业人员的身体健康和提高劳动生产率。在煤矿生产过程中，控制空气湿度较困难，主要从调节气温和风速入手。

(1) 空气预热。

冬季时，我国北方地区地面温度很低，冷空气进入井下使井筒和井底车场结冰，对行人、运输和提升都不安全，容易引发事故。因此，需要对进入井下的冷空气预热。一般井口房不密闭时采用冷热风在井筒内混合、在井口房内混合，以及在井口房和井筒内同时混合等方式，如图 3-1 所示。通常采用的预热方法是使用蒸汽或水暖设备，将一部分空气加热到 70～80 ℃，并使其进入井筒与冷空气混合，以使混合后进入井筒的空气温度不低于 2 ℃。

(2) 降温。

在我国南方地区和一些开采深度较大的矿井，夏季时在地面气温和井下其他热源的影响下，采掘工作面的温度和湿度会超过《煤矿安全规程》的规定值，因此，需要采取以下降温措施。

① 通风降温。

通风降温是目前国内外深部开采矿井普遍采用的降温措施之一，主要有以下几种方法。

建立合理的通风系统，减少漏风，增加工作面有效风量。对于深部开采高热矿井，为保证将一定数量和质量的空气送入井下各用风区域，必须建立合理的、可靠的通风系统。

从降温效果来看，在考虑进风井和回风井相对位置时，混合式

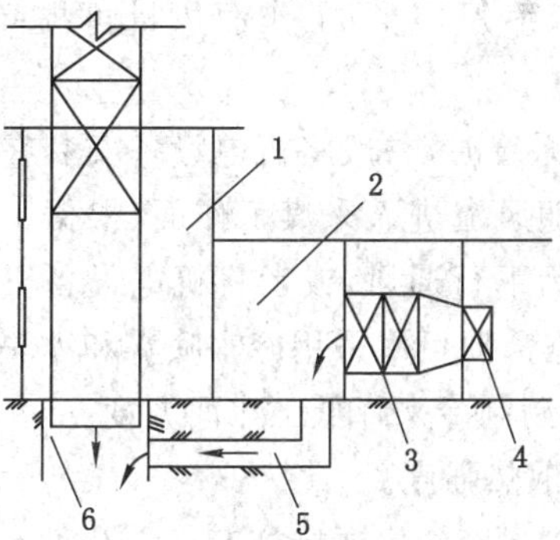

(a) 冷热风在井筒内混合

1—通风机房；2—空气加热室；3—空气加热器；4—通风机；5—热风道；6—井筒。

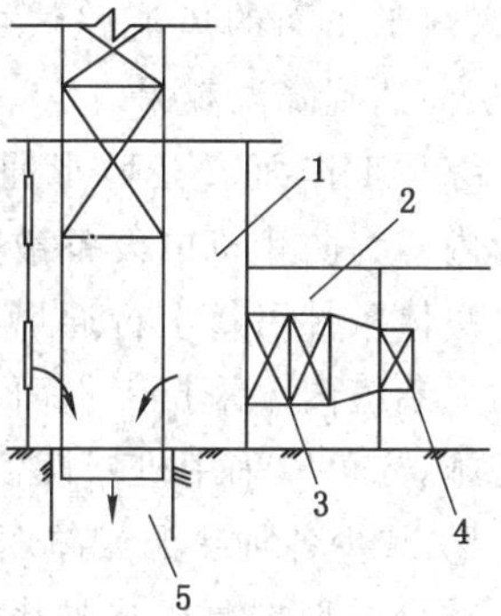

(b) 冷热风在井口房内混合

1—通风机房；2—空气加热室；3—空气加热器；4—通风机；5—井筒。

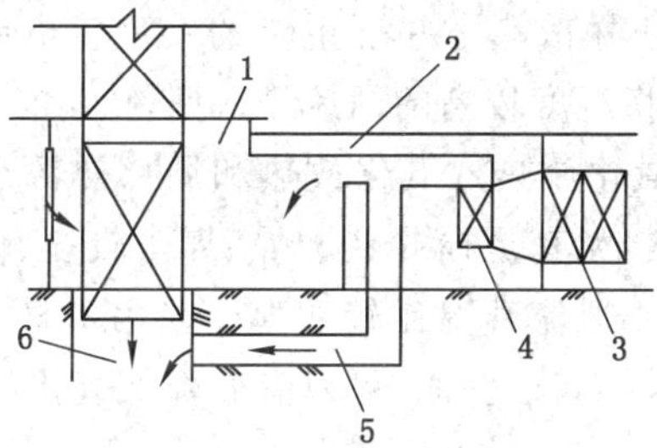

(c) 冷热风在井口房和井筒内同时混合

1—通风机房；2—空气加热室；3—空气加热器；4—通风机；5—热风道；6—井筒。

图 3-1　井口空气预热方式

通风最优，对角式通风次之，中央式通风最差。

对于深部开采的风井，其通风路线较长，风流与井巷的热交换时间长，空气沿途升温较大，所以，尽量将开拓和采区巷道布置在距离热源较远的岩层内，实行分区通风，以缩短风路。

在地质条件和采煤工艺允许时，将采煤工作面 U 形通风系统改为 W 形通风系统能降低其温度。W 形通风系统的主要优点是:采煤工作面的风流路线可以缩短一半,工作面风量可提高1倍,从而达到降温效果。

综采工作面采用U形通风系统时,一般将机电设备安装在进风巷内。为防止机电设备散热随风流进入采煤工作面,根据工作面的具体条件可将上行通风改为下行通风,或者将机电设备安装在回风巷道内。采掘工作面根据需要可以采用冷水喷雾和冰块降温措施,亦可以采用机械设备强制制冷来降低工作面温度。

② 减少各种热源或减弱其散热强度。

减少各种热源或减弱其散热强度的主要措施有以下几种:

a. 地下热水或火区的热水以最短的路线流入水仓、排至地面。

b. 减少机械散热。井下主要的大型机电硐室必须采用独立的回风系统,将温度较高的回风排入回风道内。

c. 减少氧化放热。氧化放热和局部热源放热是井巷风流升温的重要因素,尤其是在井巷干燥、煤尘较多、使用木支架通风路线长的巷道中,风流升温比较明显。采用木材支架或者使用不易氧化的材料涂抹巷道壁面,可以有效降低氧化放热量。

第二节 矿井通风系统

在煤炭地下开采过程中,为将地面的新鲜空气定量地供给井下各用风地点,同时稀释并排出污浊空气,除了需要一系列的巷道,使空气能够按照生产的需要定量、定向而且连续地流向各用风地点以外,还需要一系列的通风动力机械和控制风流的设施,如风门、密闭和风桥等。因此,矿井通风系统是向矿井各作业地点供给新鲜空气、排出污浊空气的进、回风井的布置方式,主要通风机的工作方法、通风网络和通风控制设施的总称。

一、通风方法

通风方法指矿井主要通风机向矿井供风的方式，分为抽出式通风、压入式通风、压抽混合式通风三种。

（一）抽出式通风

抽出式通风是将主要通风机安装在回风井井口，在抽出式主要通风机的作用下，整个矿井通风系统处在低于当地大气压力的负压状态。在这种情况下，回风流不易向其他处乱窜，可以集中而迅速地流入回风系统排出井外。此外，在抽出式通风矿井中，通风设施安设在回风侧，不妨碍运输和行人，管理简单，控制可靠，对于高瓦斯矿井和有自然发火危险的矿井来说是有利的。当主要通风机因故停止运转时，井下风流的压力提高，在一定时间内采空区封闭火区中的瓦斯等有毒有害气体不易涌出，比较安全。

（二）压入式通风

压入式通风是指主要通风机安设在进风井井口，在压入式主要通风机作用下，整个矿井通风系统处在高于当地大气压的正压状态。在压入式通风矿井中，控制风流的设施一般都在进风侧安设，这对运输和行人等都不方便，不易管理和控制，井底车场和进风井井口处漏风较大。在冒落裂隙通达地面时，压入式通风矿井采区的有害气体通过塌陷区向外漏出。当主要通风机因故停止运转时，井下风流的压力降低，采空区或封闭火区的有毒有害气体涌出量增加，对安全不利。所以，一般瓦斯矿井很少采用压入式通风。

（三）压抽混合式通风

压抽混合式通风是在进风井井口设一风机做压入式工作，回风井井口设一风机做抽出式工作。通风系统的进风部分处于正压；回风部分处于负压；工作面大致处于中间，其正压或负压均不大，采空区通连地表的漏风因而较小。该方法的缺点是使用的通风机设备多，管理复杂。因此，在煤矿中一般很少使用压抽混合式的通风方法。

二、通风方式

矿井通风方式是对矿井的进、回风井井筒的相对位置而言的，一个矿井若要构成通风系统至少需要一个进风井和一个回风井。按照进、回风井的相对位置，矿井通风方式可分为中央式通风、对角式通风和混合式通风三类。

（一）中央式通风

该通风方式的进、回风井均位于井田走向中央。根据进、回风井的相对位置，又分为中央并列式通风和中央边界式（中央分列式）通风，分别如图3-2(a)和图3-2(b)所示。

在中央式通风方式中，矿井通风路线是折返的，故比其他通风方式的通风阻力大，且阻力的变化幅度也大，主要通风机工作不稳定、效率低、能耗大。由于风流折返和阻力大，进、回风侧的压差较大，矿井漏风大，对矿井防火不利。但中央式通风，尤其是中央并列式通风具有基建费用少、建井时间短、投产快、工矿建筑集中、便于管理、井筒延深工作方便和易实现矿井反风等优点。

（二）对角式通风

对角式通风分为两翼对角式通风、单翼对角式通风和分区对角式通风三种。

两翼对角式通风：如图3-2(c)所示，进风井位于井田中央，回风井位于井田两翼上部边界。

单翼对角式通风：进风井在井田一侧，回风井在另一侧的通风系统。

分区对角式通风：进风井位于井田中央，在每个采区的井田上部边界设置一个回风井。

对角式通风虽然基建工程量大，但是可用两翼风井进行施工，投产快，具有风流路线短又无折返、通风阻力小、漏风少、矿井风压稳定的特点。但回风井和所用的主要通风机多，基建费用大，布置分散，不便管理。

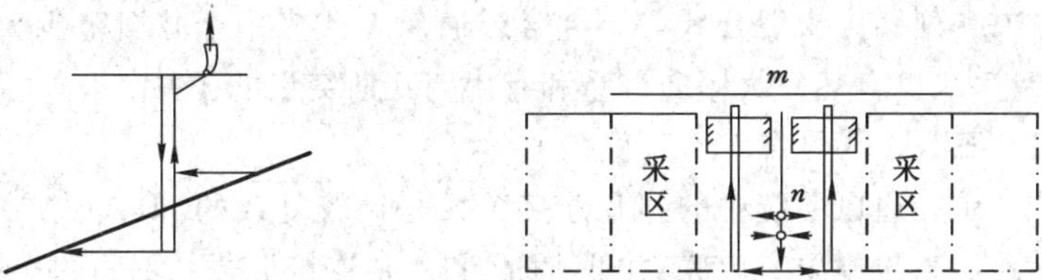

(a) 中央并列式通风

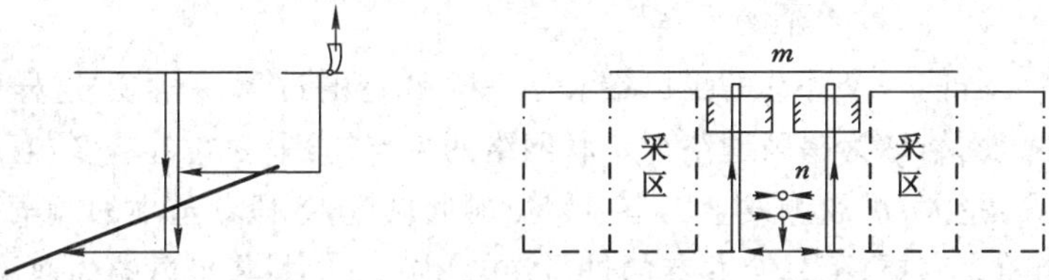

(b) 中央边界式（中央分列式）通风

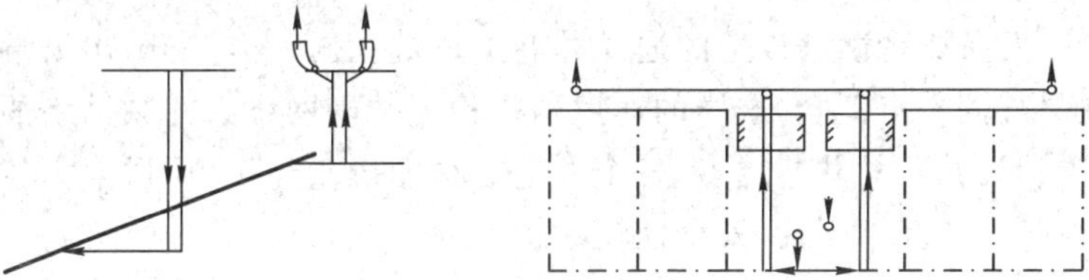

(c) 两翼对角式通风

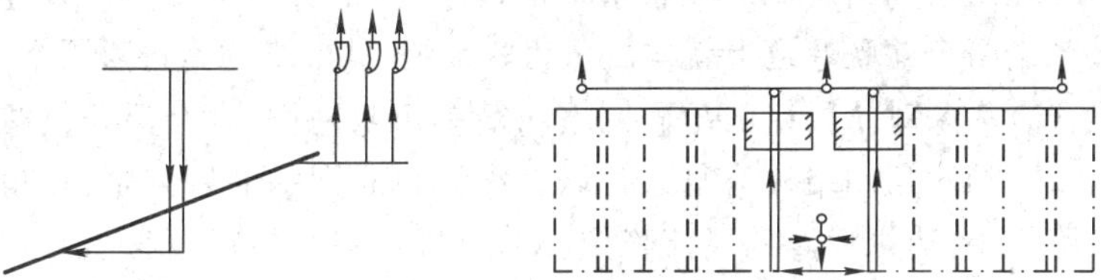

(d) 中央并列和两翼对角混合式通风

图 3-2　矿井通风方式

（三）混合式通风

混合式通风是以上任意两种通风方式的结合。如中央分列式和两翼对角混合式、中央并列和两翼对角混合式[图 3-2(d)]以及中央并列和中央混合式等。混合式通风方式多用于井田范围大、产量大、煤自然发火倾向严重和有煤与瓦斯突出的矿井。

三、通风网络

矿井通风系统中的井巷连接关系是比较复杂的，但是从连接形式上来说主要有串联、并联、角联和复杂连接形式。不同的连接形式具有不同的通风特性和安全效果。

（一）串联网络

若前一个井巷的出风端和下一个井巷的进风端相接，这样的通风网络称为串联网络。串联网络的特点是：串联巷道越多，通风阻力越大；进风侧发生灾害时将影响回风侧，各段巷道中的风量不能随意变更；下一个井巷的进风端使用前一个井巷出风端的回风。

（二）并联网络

两条或者两条以上的通风井巷进风端在同一点分开，出风端在另外同一点汇合，这样的通风网络称为并联网络。并联网络的特点是：并联的井巷越多，各个井巷分得的风量越少，通风阻力越小；各井巷互不干扰，安全性较好。

（三）角联网络

在两条分路组成的并联系统中，若有一条或一条以上的井巷横跨于两个并联巷道上就构成了角联系统，其网络称为角联网络。只含有一条对角网络的角联网络叫简单角联网络，含有两条或两条以上的对角网络称为复杂角联网络。角联网络的特点是：在角联网络中，边缘风路的风流稳定；对角风路中的风流不稳定，它在边缘风路风阻的影响下可能正向、反向或者无风。因此，在矿井设计中，应尽量避免角联网络的出现。

四、通风设施

为了保证井下风流按规定的路线、方向流动，使井下各用风地点得到所需风量，必须在井下某些巷道中设置相应的通风设施对风流进行井下控制。这些引导、隔断和控制风流的构筑物称为通风设施，如风门、风桥等。一个矿井通风状况的好坏与通风设施的建造质量、数量、位置和维护等有密切的关系，因此，合理地、高质量地设置通风设施并严格保证其始终处于完好状态是矿井通风与安全管理工作的一项重要任务。

（一）风门

井下凡不允许风流通过但需要行人或行车的巷道，必须安设风门。在行人或者通车不多的地方可以安设普通风门，而在行人或者通车比较频繁的主要运输道上，则应构筑自动风门。图 3-3 为风门和调节风门的表示方式。

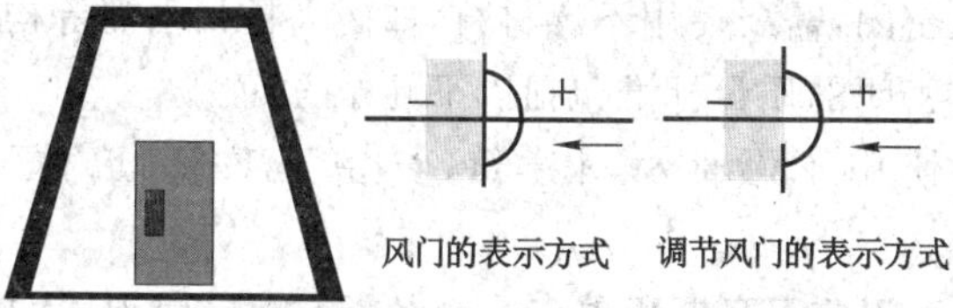

图 3-3　风门和调节风门的表示方式

设置风门的要求包括以下几个方面。

(1) 每组风门不少于两道，通车风门间距不小于一列车长度，行人风门间距不小于 5 m。进、回风巷道之间需要设风门处应同时设反向风门，其数量不少于两道。

(2) 风门能自动关闭；通车风门实现自动化，矿井总回风和采区回风系统的风门要装有闭锁装置；风门不能同时敞开(包括反向风门)。

(3) 门框要包边沿口，有垫衬，四周接触严密，门扇平整不漏风，门扇与门框不歪扭。门轴与门框向关门方向倾斜 80°～85°。

(4) 风门墙垛要用不燃材料建筑，厚度不小于 0.5 m，严密不漏风；墙垛周边要掏槽，见硬顶、硬帮且与煤岩接实；墙垛平整，无裂缝、重缝和空缝。

(5) 风门水沟要设反水池或挡风帘，通车风门要设底坎，电管路孔要堵严；风门前后各 5 m 内巷道支护良好，无杂物、积水、淤泥。

(二) 风墙

风墙一般称作密闭，它是隔断风流程度较高的一种通风设施。凡是不运输、不行人，又需要隔断风流的地方都应设风墙。根据服务年限的不同，可分为临时密闭和永久密闭两类。

临时密闭：由于服务年限短，常用木板、木段等修筑，并用黄泥、石灰抹面。

永久密闭：需要使用不燃材料，如砖、料石、水泥等构筑。

永久密闭的质量标准包括以下几个方面。

(1) 使用不燃性材料建筑，严密不漏风，墙体厚度不小于 0.5 m。

(2) 密闭前无瓦斯积聚；5 m 内外无杂物、冒顶、片帮、积水和淤泥。

(3) 密闭与周边要掏槽，见硬底、硬帮且与煤岩接实，要抹不少于 0.1 m 的裙边。

(4) 根据出水情况设置观测孔、放水孔和措施孔。

(5) 密闭前要设置栅栏、揭示警标、说明牌板和检查箱。

(6) 墙面平整，无裂缝、重缝和空缝。

(三) 风桥、测风站、防爆门(盖)

1. 风桥

在进风和回风平面相遇的地点必须设置风桥，构成立体交叉风路，使进风和回风能够分开，互不相混。服务年限长，通过风量大于 20 m^3/s 的风桥，要用图 3-4(a)中的绕道式风桥，绕道须开掘在岩石中；服务年限长，通过风量为 10～20 m^3/s 的风桥，要用图 3-4(b)中的混凝土或料石风桥；服务年限短，通过风量小于 10 m^3/s 的风桥，要用图 3-4(c)中的临时风桥。

(a) 绕道式风桥　(b) 混凝土或料石风桥　(c) 临时风桥

图 3-4　风桥

2. 测风站

对构筑测风站有以下几点要求。

(1) 主要进回风道(矿井总进、回风道,一翼进、回风大巷,水平进、回风巷道,采区进、回风巷道)都应设置固定测风站。

(2) 测风站必须设置在平直巷道内。测风站长度不得小于 4 m,前后 10 m 内巷道不得有分叉、拐弯,不得有障碍物,巷道断面应无变化。

(3) 在料石砌碹的巷道中,可按照上述要求选择一段巷道作为测风站。

(4) 在光爆锚喷、锚杆支护或裸体巷道中,应砌碹构筑测风站,或者使用水泥砂浆将测风站四周抹平,并保证测风站的断面与前后巷道的断面相同。

3. 防爆门(盖)

防爆门(盖)是防止矿井发生瓦斯、煤尘爆炸时毁坏风机,而在回风井井口上构筑的一种安全设施。当井下发生瓦斯爆炸时,防爆门被气浪冲开,冲击波直接从该处冲出,从而保护风机。当主要通风机停止运转时,打开防爆门还可以使矿井保持自然通风。

第四章 煤矿主要灾害事故防治

第一节 瓦斯事故及防治

瓦斯事故是指由于瓦斯的存在并失控而导致的事故，包括瓦斯爆炸事故、煤与瓦斯突出事故、瓦斯燃烧事故、窒息事故等。

一、矿井瓦斯

(一) 矿井瓦斯的性质

矿井瓦斯是指矿井中主要由煤层气构成的以甲烷为主的有害气体，有时单独指甲烷。甲烷是无色、无味、无臭的气体，不易溶于水，相对空气密度为 0.554，有很强的扩散性、渗透性，本身无毒，不能供人呼吸，不助燃，但具有燃烧和爆炸性。

瓦斯在煤层及围岩中的赋存状态有以下两种。

(1) 游离状态。瓦斯以自由气体状态存在于煤层或围岩的空隙之中，其分子可自由运动，处于承压状态。

(2) 吸附状态。吸附状态的瓦斯按照结合形式的不同，可分为吸着状态和吸收状态。吸着状态是指瓦斯被吸着在煤体或岩体微孔表面，在表面形成瓦斯薄膜；吸收状态是指瓦斯被溶解于煤体中，与煤的分子相结合。

(二) 矿井瓦斯的危害

矿井瓦斯的危害主要有以下三个方面。

(1) 当空气中瓦斯的含量达到一定值时，遇火就会燃烧或爆炸。当瓦斯气体和氧气的量相匹配时，反应就会充分、剧烈，表现为瓦斯爆炸；反之则表现为瓦斯燃烧。

(2) 当空气中的瓦斯浓度很高时，氧含量会相对降低，使人窒息。

(3) 当煤层及围岩中的瓦斯气体达到一定的压力时，在冲击地压和采掘活动等诱因作用下，会导致煤与瓦斯突出。

(三) 矿井瓦斯等级的划分

根据矿井相对瓦斯涌出量、矿井绝对瓦斯涌出量、工作面绝对瓦斯涌出量和瓦斯涌出形式，矿井瓦斯等级划分为低瓦斯矿井、高瓦斯矿井和突出矿井。

二、矿井瓦斯爆炸及防治

矿井瓦斯爆炸就其本质来说，是一定浓度的甲烷和空气中的氧气在一定温度的作用下产生的激烈的氧化反应。矿井瓦斯爆炸的危害非常大，能产生 1 850 ℃以上的高温气体和强大的冲击波，从而造成人员伤亡和设备、设施的损坏；如果爆炸源附近的沉积煤尘被扬起，还会导致煤尘爆炸；瓦斯爆炸产生的大量的有毒有害气体，会造成人员中毒而伤亡。

(一) 瓦斯爆炸的条件

瓦斯爆炸必须同时具备三个条件，即：一定浓度的瓦斯，瓦斯浓度为 5%～16%；一定温度的引燃火源，瓦斯在空气中的引爆温度为 650～750 ℃；足够的氧气含量，氧含量达到 12%。三者缺一不可。

(二) 瓦斯爆炸事故的预防

瓦斯爆炸事故是可以预防的。预防瓦斯爆炸是指消除瓦斯爆炸的条件，并限制爆炸火焰向其他区域传播。预防瓦斯爆炸事故主要从以下三个方面考虑。

1. 防止瓦斯积聚

(1) 加强通风。加强通风是防止瓦斯积聚的根本措施。瓦斯矿井的通风必须做到有效、稳定和连续不断，才能将井下涌出的瓦斯及时稀释并排除。

(2) 先抽后采。先抽后采是预防瓦斯事故的治本措施。对于采用一般通风方法不能解决瓦斯超限的矿井或工作面,可以采用抽采瓦斯的方法,将瓦斯抽排至地面。

(3) 及时处理积聚的瓦斯。瓦斯积聚是指局部空间的瓦斯浓度达到2%、体积超过0.5 m^3的现象。当发生瓦斯积聚时,必须及时处理,以防止局部区域瓦斯达到爆炸浓度的下限。

(4) 加强检查和监测瓦斯。井下采掘工作面和其他地点要按要求检查瓦斯浓度。对于不同地点的瓦斯浓度,《煤矿安全规程》有明确规定。同时,矿井必须装备安全监测监控系统。

2. 防止出现引爆火源

引爆瓦斯的火源主要有明火、爆破火焰、电火花及摩擦火花四种。

《煤矿安全规程》规定,严禁携带烟草和点火物品下井;井下严禁使用灯泡取暖和使用电炉;井下严格电焊、气焊和喷灯焊管理;严格井下火区管理;防止出现爆破火焰;井下不得带电检修电气设备,严禁带电搬迁非本质安全型电气设备、电缆;井下防爆电气设备的运行、维护和修理工作,必须符合防爆性能的各项技术要求。

3. 防止瓦斯爆炸灾害扩大

井下局部区域一旦发生瓦斯爆炸,应尽可能缩小其波及范围,避免继发性的瓦斯煤尘爆炸。防止瓦斯爆炸灾害扩大的措施有以下几种。

(1) 实行分区通风。每一生产水平和每一采区,都必须布置单独的回风巷,防止事故发生区域对其他区域的影响。

(2) 安设隔爆设施。有煤尘、瓦斯爆炸危险的矿井,都必须按要求安设隔爆水槽或岩粉棚,主要是利用它们的降温作用,破坏相邻区域发生继发性煤尘爆炸的条件,防止事故扩大化。

(3) 建立矿井紧急避险系统、压风自救系统,以保证发生事故时相关人员可以有效避难,从而减小伤亡和损失。

(4) 组织编制灾害预防和处理计划以及事故应急预案，并组织演练，提高逃生能力。

三、煤(岩)与瓦斯(二氧化碳)突出事故及防治

煤(岩)与瓦斯(二氧化碳)突出是指在地应力和瓦斯(二氧化碳)气体压力的共同作用下，破碎的煤(岩)和瓦斯(二氧化碳)瞬间由煤体(岩体)内突然喷出到采掘空间的现象。煤(岩)与瓦斯(二氧化碳)突出是一种破坏性极强的动力现象，常发展成较大型事故。强大的能量释放，能摧毁井巷设施，破坏通风系统，造成人员窒息，甚至引发火灾和瓦斯、煤尘爆炸等二次事故，严重时会导致整个矿井正常生产系统的瘫痪。

(一) 煤(岩)与瓦斯(二氧化碳)突出的预兆

(1) 有声预兆。煤层在变形过程中发出劈裂声、爆竹声、闷雷声，间隔时间不一，在突出瞬间常伴有巨雷般的响声；支架受力发出“嘎嘎”的声音，甚至折裂的声音。

(2) 无声预兆。其主要表现是：① 煤层结构变化，层理紊乱，煤层由硬变软、由薄变厚，倾角由小变大，煤由湿变干、暗淡无光泽，煤层顶底板出现断裂，煤岩严重破坏等。② 瓦斯涌出异常(忽大忽小)、煤尘增大、气温异常、气味异常，打钻喷瓦斯、喷煤粉并伴有哨声、蜂鸣声等。③ 地压显现、岩煤开裂掉渣、底鼓、岩煤自行剥落、煤壁颤动、钻孔变形等。

(二) 煤(岩)与瓦斯(二氧化碳)突出的预防措施

煤(岩)与瓦斯(二氧化碳)突出矿井应当根据实际状况和条件，制定区域综合防突措施和局部综合防突措施。

区域综合防突措施是指在突出煤层进行采掘前，对突出煤层较大范围采取的防突措施。区域防突措施包括开采保护层和预抽煤层瓦斯两类。开采保护层分为开采上保护层和下保护层两种方式。预抽煤层瓦斯可采用的方式有地面预抽煤层瓦斯、井下穿层钻孔预抽煤层瓦斯和顺层钻孔预抽煤层瓦斯等。

局部综合防突措施包括预震动爆破、水力冲孔、金属骨架、煤体固化、注水湿润煤体及其他经试验证实有效的防突措施。

第二节　水害事故及防治

矿井水灾是煤矿的主要灾害之一。在煤矿建设和生产过程中,往往会遇到程度不同的透水事故,轻则造成排水设备增多、费用增大、原煤成本提高、采区接续紧张,影响生产建设的发展;重则发生淹井事故、人员伤亡,经济损失巨大。因此,必须加强水文地质工作,掌握矿井水灾的水源分布和造成水灾的原因,采取相应的防治措施,防止水患的发生。

一、矿井水源

矿井突水的主要水源有含水层水、地表水、老空积水、大气降水、断层积水等。

二、矿井水害发生原因分析

(1) 地面防水措施不当,或因对防洪设施管理不善,雨季山洪由井筒或塌陷区裂缝大量灌入井下,而造成水灾。

(2) 水文地质资料不明,盲目施工。

(3) 井口位置低于历年最高洪水位、井巷位置选择不合理等,都能发生水灾。如井巷置于不良的地质条件中或接近强含水层附近,易导致顶底板透水。

(4) 施工质量低劣,井巷塌落冒顶,导致顶板含水层发生透水事故。

(5) 小煤窑乱采掘,破坏防水煤、岩柱而造成透水。

(6) 测量失误和违章作业,造成水灾。

三、矿井透水的预兆

采掘工作面透水前一般都有预兆,井下工作人员熟悉这些预兆,对于及时采取对策、保证人员安全撤离有着重要意义。矿井透水预兆如下。

(1) 煤壁或巷道“挂红”酸度大,水味发涩、有臭鸡蛋味,这是老空水的特点。铁锈使水变成红色,水含硫化氢时有臭鸡蛋味,酸性水发涩。

(2) 煤壁或巷道“挂汗”,这是由于积水透过微孔隙而凝聚于岩石或煤层表面。顶板“挂汗”,多为尖形水珠,有“承压欲滴”之势。自然预兆中的“挂汗”为平形水珠,是蒸汽凝结于顶板所形成。

(3) 煤层变冷,巷道出现雾气。煤层含水增大时,热导率增大,用手摸煤壁时有发凉的感觉。

(4) 顶板来压、淋水加大,或底板鼓起并有渗水。

(5) 出现压力水线(或称水线)。这表明距水源已较近,应密切注视水流情况。若出水混浊,说明离水源很近。

(6) 出现水流声。煤层有水挤出,并发出“嘶嘶”声,有时尚能听到空洞水声,这是透水危险的征兆。

(7) 工作面有害气体增加。这是因为积水区常散发瓦斯、二氧化碳、硫化氢等。

(8) 煤发潮、发暗、无光泽。如果附近有积水,干燥、光亮的煤由于水的渗入会变得潮湿、暗淡。

四、矿井防治水

矿井防治水工作应本着“精准探测、超前治理、科学防控、绿色安全”的理念,坚持“预测预报、有疑必探、先探后掘、先治后采”的原则,落实“探、防、堵、疏、排、截、监”综合防治措施,形成“一矿一策”“一面一策”制度,建立“理念先进、基础扎实、勘探清楚、科技攻关、综合治理、效果评价、应急处置”的煤矿防治水工作体系。

(一) 地表水防治

在近水体下开采时,当受地表水体威胁,应留足防隔水煤(岩)柱;在松散含水层下开采时,应按照水体采动等级留设防水、防砂或者防塌等不同类型的防隔水煤(岩)柱。

陕北地区薄基岩下开采受地表水威胁时，可选用疏放水、河床改造、河流改道及降低采高等措施，经工作面采前防治水安全评价认为威胁消除后，方可回采。

(1) 对可能波及的废弃老窑、地面塌陷坑、采动裂隙以及可能影响煤矿安全生产的地表水体、水源井等进行调查，做好相应调查记录、更新台账并采取相应防范措施。

(2) 完善井口和工业场地防洪设施，对可能溃入井下的、井口附近或塌陷区波及范围的地表水体应采取防范措施，清理淤塞的河道、沟渠。

(3) 对水泵、水管、排水用的配电设备和输电线路，雨季前应全面检修一次；做好排水系统的检修和水仓、水沟、沉淀池的清理工作；雨季前完成全部工作水泵、备用水泵及潜水泵的联合排水试验工作。

(4) 及时对地表采动裂缝及塌陷坑等进行充填压实治理。

(5) 对于导水裂隙带可与地表沟谷沟通的地段，应避开雨季回采并建立暴雨停产撤人管理制度。

(二) 井下水害防治

(1) 严格执行井下探放水"三专"要求。由专业技术人员编制探放水设计，采用专用钻机进行探放水，由专职探放水队伍施工。严禁使用非专用钻机探放水。

严格执行井下探放水"两探"要求。采掘工作面超前探放水应当同时采用钻探、物探两种方法，做到相互验证，查清采掘工作面及周边老空水、含水层的富水性以及地质构造等情况。有条件的矿井，钻探可采用定向钻机，开展长距离、大规模探放水。

采掘工作面遇有下列情况之一的，必须进行探放水。

① 接近水淹或者可能积水的井巷、老空区或者相邻煤矿时；

② 接近含水层、导水断层、溶洞或者导水陷落柱时；

③ 打开隔离煤柱放水时；

④ 接近可能与河流、湖泊、水库、蓄水池、水井等相通的导水通道时；

⑤ 接近有出水可能的钻孔时；

⑥ 接近水文地质条件不清的区域时；

⑦ 接近有积水的灌浆区时；

⑧ 接近其他可能突水的地区时。

(2) 对于影响采掘安全的煤层顶板导水裂隙带范围内的含水层或者其他水体，应采用超前疏放、注浆改造含水层、帷幕注浆、疏排、充填开采或者限制采高等方法防治。煤层顶板存在富水性中等及以上含水层或者其他水体威胁时，煤矿应对顶板导水裂隙带发育高度进行实测。

陕北地区存在烧变岩水威胁的矿井，应采用地面磁法、瞬变电磁法等至少两种地面物探方法，结合钻探、化探、水文地质试验等方法，对烧变岩赋存、富水性特征及补给条件进行探查。当烧变岩有稳定补给时，可采用留设防隔水煤(岩)柱、帷幕截流等方法治理。若烧变岩无稳定补给时，可采用留设防隔水煤(岩)柱、疏放水(抽水)等方法治理。

(3) 受底板承压含水层水威胁的矿井，应编制开采可行性评价报告，由煤矿企业总工程师组织审定。可采用疏水降压、井下注浆加固改造煤层底板、地面区域超前治理或充填开采等措施，并进行效果检验，保证隔水层能够承受的水头值大于实际水头值。防治方案应由煤矿企业总工程师审批。

(4) 煤矿应当根据老空水查明程度和防治措施落实到位程度，对老空水害防治实行分区管理，并由煤矿总工程师组织审批。老空积水情况清楚且防治措施落实到位的区域划为可采区，否则划为缓采区。缓采区由煤矿地测部门编制老空水探查设计报告，通过井上下探查手段查明老空积水情况，防治措施落实到位后，转为可采区。缓采区经治理后仍不能保证安全开采的，划为禁采区。

当老空区有大量积水或者有稳定补给源时，应当优先选择留设防隔水煤（岩）柱；当老空区积水量较小或者没有稳定补给源时，应当优先选择超前疏干（放）方法；对于有潜在补给源的未充水老空区，应当采取切断可能补给水源或者修建防水闸墙等隔离措施。

存在老空水威胁的矿井，当采用疏放措施时，应严格落实老空水探放“四步工作法”，即查全、探清、放净、验准。在采掘工程平面图、矿井充水性图上要标明积水线、探水线、警戒线、积水量等，空间探测范围要保证巷道掘进安全。探放水前应确定如下参数：

① 老空区积水量、积水边界线、积水标高和水柱高度。

② 探水线：探查无可靠资料的老空水，应先确定可疑区域，再由可疑区域边界水平外推 100 m 作为探水线；探查有一定图纸资料作为参考的较可靠的老空水，应由积水边界线水平外推 80 m 作为探水线；煤矿自己开采的老空区位置准确、积水情况清楚时，根据水头值高低、煤（岩）层厚度、强度及安全技术措施等确定探水线。

③ 警戒线：图纸资料可靠的探水线水平外推 40 m 作为警戒线，图纸资料较可靠的探水线水平外推 50 m 作为警戒线，图纸资料不可靠的探水线水平外推 80 m 作为警戒线。

第三节　矿尘爆炸事故及防治

矿尘是煤矿井下任何工作地点和地面井口房、选煤厂都具有的一种有害物质，是煤矿五大灾害之一。它不仅影响工作人员的身体健康，而且大多数矿尘具有爆炸性，严重威胁着煤矿的安全生产。在生产过程中长期吸入生产性矿尘能引起以肺组织纤维化为主的尘肺病。因此，必须采取综合防尘措施和预防、隔绝矿尘爆炸的措施，减少对矿工造成的危害。

一、矿尘的基本概念

矿井粉尘是飘浮在矿井空气中或者已经沉落的矿物微粒。悬浮于空中的称浮尘,沉降下来的称落尘。煤矿生产的各个环节均产尘。

二、矿尘的分类

矿尘按其成分不同,可分为煤尘、岩尘和水泥尘;按对人的危害不同,可分为总粉尘和呼吸性粉尘。

(1) 总粉尘:粒径在 5 μm～1 mm 的矿尘。大于 1 mm 的矿尘一般飞不起来。

(2) 呼吸性粉尘:粒径在 5 μm 以下的矿尘,能通过人的呼吸道进入肺部,导致人患尘肺病,简称吸尘。人吸入煤尘患的煤肺病、吸入岩尘患的硅肺病、吸入水泥尘患的水泥肺病,统称为尘肺病。粉尘中含游离二氧化硅,二氧化硅含量在10%以上的粉尘叫硅尘,它是引起矿工硅肺病的主要因素。矿尘中游离二氧化硅的含量越大,对人的危害越大。

《煤矿安全规程》对作业场所空气中粉尘浓度的要求如表 4-1 所示。

表 4-1 作业场所空气中粉尘浓度要求

粉尘种类	游离二氧化硅含量/%	时间加权平均容许浓度/(mg/m³)	
		总尘	呼尘
煤尘	<10	4	2.5
硅尘	10～50	1	0.7
	50～80	0.7	0.3
	≥80	0.5	0.2
水泥尘	<10	4	1.5

注:时间加权平均容许浓度是以时间加权数规定的 8 h 工作日、40 h 工作周的平均容许接触浓度。

三、矿尘的产生及危害

（一）主要产生工序

煤矿作业的各个生产环节都产尘。钻眼作业，如气动凿岩机或煤电钻打眼、打锚杆眼、注水眼等；炸药爆破、采煤机割煤、装煤和掘进机掘进；采场支护、放顶、巷道支护，特别是锚喷支护、装载、运输、转载、卸载和提升、通风安全设施的构筑等均产尘。据测定，干打眼时，粉尘浓度可达 472 mg/m^3；爆破时，粉尘浓度可达 46 mg/m^3；装渣时，粉尘浓度可达 87 mg/m^3；喷混凝土时，粉尘浓度可达 103 mg/m^3。采掘工作面产尘量最多，约占全部矿尘的 80%；其次为运输系统各装载点，也有相当数量的矿尘。

（二）矿尘的危害

矿尘的危害主要表现在对人体健康和安全生产两个方面。

第一，工人长期吸入矿尘以后（如硅尘和煤尘），轻者会患呼吸道炎症，重者会患尘肺病，而尘肺病引起的矿工致残和死亡人数，在国内外都十分惊人。世界各国都在积极开展预防和治疗尘肺病的工作，并已取得了较大进展。

第二，矿尘危害的另一个表现是燃烧和爆炸。例如，矿尘能够在完全没有瓦斯存在的情况下爆炸，并给矿井以突然性的袭击，酿成严重的灾害。

除此以外，煤矿粉尘能加速机械的磨损、减少精密仪表的使用寿命，能降低工作场所的能见度，使工伤事故增多。因此，认真做好煤矿粉尘防治工作，是矿井安全生产管理中必不可少的环节。

四、矿尘爆炸条件及危害

（一）矿尘爆炸的条件

矿尘发生爆炸必须同时具备三个条件，少一条都不会爆炸。

（1）矿尘本身具有爆炸性，而且悬浮在空气中，并达到一定的浓度。爆炸的下限浓度为 45～50 g/m^3，上限浓度为1 500～2 000 g/m^3。

(2) 火源温度为 610～1 050 ℃。井下的电气火花、爆破火花、机械撞击和摩擦火花都能达到这样的温度。

(3) 氧气浓度不低于 18%。氧气浓度在 18%以下时，矿尘不能爆炸，但是井下正常通风地点的氧气浓度不可能在 18%以下。

(二) 矿尘爆炸的危害

(1) 产生高温。爆炸火焰瞬间温度高达 2 300～2 500 ℃。

(2) 产生高压。爆炸理论压力为 736 kPa，实验压力为 0.5～1.0 MPa；爆炸冲击波扬起的积尘，可引起连续爆炸。

(3) 产生大量的有害气体。如一氧化碳的浓度高达 2%～4%，二氧化碳的浓度高达 4%～8%，氧气的浓度下降到仅为 6%～8%。

(三) 影响矿尘爆炸的主要因素

(1) 煤的挥发分含量：挥发分越高，爆炸性越强。

(2) 煤的灰分和水分：吸热，降尘，降低爆炸性。

(3) 矿尘粒度：粒度越小，爆炸危险性越大。

(4) 瓦斯浓度：瓦斯增高，爆炸下限下降、上限提高。

(5) 氧气含量：氧气含量越高，点燃温度越低；反之，则较困难。

(6) 引爆热源：温度越高，越易点燃；反之，越难点燃。

五、矿尘爆炸事故的预防

(一) 综合防尘措施

《煤矿安全规程》第六百四十四条规定，矿井必须建立消防防尘供水系统，并做了具体规定。

目前，我国煤矿井下主要采用以风和水为主的综合防尘技术。

1. 通风除尘

通风除尘是利用通风将井下悬浮矿尘排出，降低作业场所的矿尘浓度的方法。经试验得到最低排尘风速为 0.25～0.5 m/s；最优排尘风速为 1.2～1.6 m/s。当风速大于此风速时，就有二次扬尘的作用，风速越高，扬尘作用越强。

2. 煤层注水

预先在干燥的煤体中打眼注入高压水,预湿煤体,可大大减少采掘时产生的煤尘。

3. 湿式作业

湿式作业包括湿式打眼、水炮泥爆破,爆破前后喷雾洒水、洒水装煤(岩),综采、综掘内外喷雾系统降尘等。

4. 清扫积尘

应定期或不定期对井下环境中的积尘进行清扫、冲洗。

5. 装载点设水幕、水帘

在各运输装载点或重要进回风巷道设置必要的水幕、水帘,可以净化风流和降尘。

6. 个人防护

在工作面矿尘没有降下来之前,作业人员尽量不要进入工作。另外,应注意经过一系列降尘措施后,虽然大量矿尘被除掉了,但还有一定量的余尘、微尘,作业人员要佩戴防尘口罩等,以起到辅助防尘作用。

(二) 防止矿尘爆炸的火源

1. 加强明火管理,提高防火意识

严禁携带烟草、点火物品和穿化纤衣服入井;井下严禁使用电炉和灯泡取暖,不得从事电焊、气焊和喷灯焊等;新工人入井前必须接受防火、防爆的安全教育,提高安全意识。

2. 严格爆破管理

在有瓦斯、煤尘爆炸危险的煤层中,采掘工作面爆破都必须使用煤矿许用雷管和炸药;使用合格的发爆器爆破;井下爆破工作必须由专职的爆破工担任;爆破前必须充填好炮泥;严禁放明炮、糊炮;严禁超量装药等。

3. 防止出现电火花

井下严禁带电检修,严禁带电搬迁非本质安全型电气设备、电缆。井下供电应做到无“鸡爪子”、“羊尾巴”和明接头，有过电流、漏电保护和保护接地装置；应坚持使用检漏继电器，坚持使用煤电钻综合保护，坚持使用局部通风机风电闭锁。矿灯发放前应保证完好，在井下严禁敲打、撞击矿灯，严禁私自拆开矿灯。

4. 防止出现摩擦和撞击火花

随着井下机械化程度的日益提高，机械摩擦、撞击火花相应增加。这主要是由违章操作产生的，因此禁止违章操作是关键。

（三）防止煤尘爆炸扩大的措施

防止煤尘爆炸危害，除采取防尘措施外，还应采取降低爆炸威力、隔绝爆炸范围的措施，以防止爆炸灾害扩大。具体办法有设置水槽棚和水袋棚、岩粉棚，利用各种传感器设置自动隔爆棚等。

【案例】

2005 年 11 月 27 日 21 时 22 分，某煤矿发生特别重大煤尘爆炸事故，171 人死亡，48 人受伤，直接经济损失 4 293 万元。

1. 矿井概况

该矿是原国有重点煤矿，各种证照均在有效期内。2005 年核准生产能力为 50 万吨/年。该矿为高瓦斯矿井，煤尘具有强爆炸性。

2. 事故原因

(1) 直接原因。

违规爆破处理主煤仓堵塞，导致煤仓给煤机垮落、煤仓内的煤炭突然倾出，带出大量煤尘，并造成巷道内的积尘飞扬，爆破火焰引起煤尘爆炸。

(2) 主要原因。

① 该矿长期违规作业，特种作业人员无证上岗严重，超能力生产。

② 上级单位对该矿超能力生产未采取有效解决措施，对事故

隐患整改情况不跟踪落实。

③ 上级单位对该矿长期存在的重大事故隐患失察。

④ 该省经济委员会未能全面履行煤矿安全生产监督管理职责。

⑤ 该地煤矿安全监察局对该矿未彻底排查重大事故隐患的行为督促整改不力。

经调查认定,这是一起责任事故。

3. 对事故责任人员的处理

(1) 将矿长、总工程师、调度室主任、矿通风区区长、安检科科长等 11 名直接责任人移送司法机关处理。

(2) 给予其他包括副省长,集团副董事长、总经理,分公司副总经理等 19 名相应的责任人党纪、政纪处分。

(3) 责成该省人民政府向国务院做出深刻检查。

第四节　顶板事故及防治

顶板灾害是煤矿五大灾害之一。在井下建设、生产过程中,顶板意外冒落、垮塌,容易造成人员伤亡、设备损坏和生产停止等事故。顶板事故占全国煤矿事故总起数的比例和总死亡人数的比例最高,所以,井下职工要特别注意,避免工作场所顶板事故造成的伤害。

一、顶板事故的类型及其特点

按一次冒落的顶板范围和伤亡人员多少,常见的顶板事故可分为局部冒顶事故和大面积切顶事故两大类。

(一) 局部冒顶事故

局部冒顶事故绝大部分发生在临近断层、褶曲轴部等地质构造部位,多数发生在基本顶来压前后,特别是在直接顶由强度较低、分层厚度较小的岩层组成的条件下。

局部冒顶事故主要是由于已破坏的顶板失去依托而造成的，其触发原因，一部分是在采煤工作（包括破煤、装煤等）过程中未能及时支护已露出的破碎顶板；另一部分是在回柱操作过程中发生局部冒顶事故。

（二）大面积切顶事故

大面积切顶事故（简称垮面）的特点是冒顶面积大、来势凶猛、后果严重，不仅严重影响生产，往往还会导致重大人身伤亡事故。事故原因是直接顶和基本顶大面积运动。

由直接顶运动造成的垮面事故，按其作用力性质和顶板运动时的始动方向又可分为推垮型事故和压垮型事故两类。

（1）推垮型事故。包括走向推进工作面常发生的倾向推垮型事故和倾斜推进工作面容易发生的向采空区方向推垮型事故。这类事故的特点是顶板运动发生时，在平行于煤层的层面方向产生较大的推力，推倒失稳的支架造成垮面事故。

（2）压垮型事故。包括向煤壁方向压垮和向采空区方向压垮型事故。这类事故主要是由垂直于顶底板方向的作用力压断、压弯阻力不足的支架，或将支架压入抗压强度低的底板造成的。

二、顶板冒落的预防与应急处置

（一）顶板冒落的预兆

顶板事故隐患的表现为顶板冒落预兆：响声、掉碴、片帮、漏顶、裂缝、离层等。

（1）响声：当岩层下沉断裂、顶板压力急剧加大时，支架会发生很大声响，有时也能听到采空区内顶板发出断裂的闷雷声。

（2）掉碴：顶板岩石已有裂缝和碎块，其中小矸石稍受震动就会掉落。

（3）片帮：冒顶前煤壁所受压力增大，变得松软，片帮煤比平时多。

(4) 漏顶:破碎的伪顶或直接顶,在大面积冒顶以前,有时因为背顶不严或支架不牢而出现漏顶。若不及时处理,会使棚顶托空,支架松动。顶板岩石继续冒落,就会造成没有声响的大冒顶。

(5) 裂缝:顶板的裂缝张开,裂缝增多。

(6) 离层(脱层):检查时用敲顶的方法,如果顶板声音清脆,表明顶板完好;如果顶板发出“空空”的响声,说明上下岩层已经脱离。

(7) 瓦斯涌出量突然增大。

(8) 顶板淋水增大。

(二) 顶板冒落的预防

(1) 充分掌握顶板压力分布及来压规律。冒顶事故大都发生在直接顶初次垮落、基本顶初次来压和周期来压过程中,只要充分掌握压力分布及来压规律,采取有效的支护措施即可防止冒顶。掘进巷道在布置及支架形式的选择上也要充分考虑压力的分布规律及顶板压力大小,巷道应布置在压力降低区内。

(2) 采取有效支护措施。应根据顶板特性及压力大小采取合理、有效的支护形式控制顶板,防止冒顶。如果工作面压力太大、基本支架难以承受,可采用特殊支架支护顶板。综采工作面要严格控制采高,及时移架控制裸露顶板。掘进工作面要坚持使用前探支护。爆破前要加固 10 m 支架棚子,实行连锁,防止崩倒棚子引起冒顶。

(3) 及时处理局部漏顶,以免引起大冒顶。

(4) 坚持敲帮问顶制度。在进入采掘工作面装煤、支护前,要敲帮问顶,处理已离层的顶板;如果处理不下来,要用点柱先支撑。

(5) 严格按《煤矿安全规程》作业。

① 采煤工作面必须及时支护,严禁空顶作业;

② 所有支架必须架设牢固,并有防倒措施;

③ 严禁在浮煤或者浮矸上架设支架;

④ 对于软岩条件下初撑力确实达不到要求的，在制定措施、满足安全的条件下，必须经矿总工程师审批；

⑤ 严禁在控顶区域内提前摘柱；

⑥ 碰倒或者损坏、失效的支柱，必须立即恢复或者更换；

⑦ 移动输送机机头、机尾需要拆除附近的支架时，必须先架好临时支架；

⑧ 采煤工作面遇顶底板松软或者破碎、过断层、过老空区、过煤柱或者冒顶区，以及托伪顶开采时，必须制定安全措施。

三、发生冒顶事故时的应急避险

（一）迅速撤退到安全地点

当人员发现工作地点有即将发生冒顶的征兆而当时又难以采取措施防止顶板冒落时，要迅速离开危险区，撤退到安全地点。

【案例】

某矿的采煤工作面有 6 人上班，其中 2 人挖煤、4 人运煤。运煤工将煤运出工作面后，剩下 2 名挖煤工因煤未出尽不能架棚，便在离挖煤地点 5～6 m 远的地方休息，其中 1 人竟然睡着了。这时，顶板出现冒顶预兆，不仅有响声还伴有掉碴现象。未睡的工人立即喊醒睡觉的挖煤工："有响声，我们快出去！"这名挖煤工睡眼惺忪地说："就你怕死，我不出去。"由于他执意不走，另一名工人只好独自撤出。刚走了五六步，只听"轰隆"一声响，撤退工人的腿部被冒落煤矸埋住，他立即拉住一根柱腿挣扎出来。回头一看，那位未走的挖煤工已被埋在了里面。此时，顶板仍在继续冒落，"轰隆"之声不绝于耳，冒顶长度达 15 m。后证实，被埋压工人被救出时早已死亡。

安全提示：

发现冒顶征兆后迅速撤退到安全地点，是最好的避灾措施。否则，就会使自己受到伤害甚至危及生命。

（二）遇险时要靠煤帮贴身站立或到木垛处避灾

当发生冒顶来不及撤退到安全地点时，应靠煤帮贴身站立避灾，但要防止煤壁片帮伤人；如靠近木垛也可撤至木垛处避灾。从采煤工作面发生冒顶，特别是大冒顶的实际情况来看，顶板沿煤壁冒落的情况很少。这是因为，煤壁上方顶板未被扰动，仍是整体。也就是说，当发生冒顶事故来不及撤退到安全地点时，靠煤帮贴身站立避灾，比在其他地方避灾造成伤亡的可能性要小一些。但是，避灾者一定要注意躲避地点附近的煤壁状况，防止煤壁片帮伤人。另外，在冒顶时虽然可能有支柱被压断或推倒，但一般情况下不可能压垮或推倒质量合格的木垛，因此在木垛附近避灾，可对避灾者起到保护作用。

从发生冒顶实际伤亡情况来看也可说明这个问题。冒顶后，不少遇险者往往是在煤壁处和木垛附近被救出，有的虽受伤但经抢救后亦可安全脱险，有的在遇险后并未受伤。而在其他地方避灾的人员，除极少数特殊情况外，生还的可能性并不大，即使经抢救脱险也会因受伤严重而致残。

（三）遇险后立即发出呼救信号

冒顶对人员的伤害主要是砸伤、掩埋或隔堵。冒落基本稳定后，遇险人员应立即采用呼叫、敲打（不要敲打对自己有威胁的支架、物料和岩块）等方法，发出有规律、不间断的呼救信号，以便撤出人员了解灾情、组织力量进行抢救。

应当注意的是，冒顶后，人员被埋压或隔堵时，人员遇险地点的不少物料和岩块等尚处于暂时平衡状态，如不注意察看，稍一敲打就会破坏平衡而使物料、岩块等继续移动，造成新的冒顶，从而加剧对遇险者的伤害。

【案例】

某矿发生冒顶事故后，1名工人下半身被掩埋。他敲打身边的木料发出求救信号，但是碎煤矸受震动继续向他涌来。他想到，这样做不仅会加大自身伤害，也会增加抢救工作量。因此，他停止敲打，改用呼喊的方法发出信号，后终被营救脱险。

（四）遇险人员要积极开展自救和互救

事故发生后，遇险人员要听从灾区班组长和有经验的老工人的指挥，在保证安全的前提下，积极开展自救和互救。被煤矸、物料等埋压的人员，不要惊慌失措，在条件不允许时切忌采用猛烈挣扎的办法脱险，以免造成事故扩大，原因有两个：一是猛烈挣扎会震动遇险者周围物体，使被埋压人员周围的煤矸、物料失去暂时平衡，从而导致新的冒落，扩大事故，增大伤害；二是遇险者被大块冒落岩石压住后挣扎也无用，根本无法脱险。正确的方法是：遇险者应正视已发生的灾害，不惊慌失措，坚信领导和同事一定会积极抢救，注意保持体力，等待救援；未受伤和受轻伤人员，要采取切实可行的措施设法营救掩埋人员，并尽可能脱离险区或转移到较安全地点等待救援。对于被营救出的受伤人员，应立即进行止血、包扎等急救处理。

（五）被隔堵人员要积极配合外部营救工作

作业人员被冒顶事故隔堵后，应在遇险地点利用各种条件有组织地开展自救，以配合外部的营救工作。

第五节　火灾事故及防治

凡发生在井下的火灾及发生在井口附近但危及井下安全的火灾，统称为矿井火灾。矿井火灾是煤矿矿井五大灾害之一。矿井火灾不仅会损坏设备和煤炭资源，给煤矿企业造成重大损失，还会引起瓦斯、煤尘爆炸，产生有害有毒气体，严重威胁井下职工的生命安全。煤矿职工了解和掌握矿井火灾防治和事故预防的知识是十分必要的。

一、发生火灾的基本要素

引起火灾的基本要素归纳起来有以下三个。

（一）热源

具有一定温度和足够热量的热源才能引起火灾。在矿井中煤的自燃、爆破作业、机械摩擦、电流短路、吸烟、烧焊等，都有可能成为引火的热源。

（二）可燃物

在矿井中，煤本身就是大量且普遍存在的可燃物。另外，坑木、各类机电设备、各种油料、炸药等都具有可燃性。可燃物的存在是火灾发生的物质基础。

（三）氧气

燃烧是剧烈的氧化反应。任何可燃物尽管有热源点燃，但缺乏足够氧气时，燃烧是不能持续的，所以氧气供给是维持燃烧不可缺少的条件。

以上三要素必须同时存在才会发生火灾。

二、矿井火灾的分类

根据引起矿井火灾的火源不同，通常可将矿井火灾分成两大类：一是外部火源引起的矿井火灾，也称外因火灾；二是由于煤炭自身的物理、化学性质等内在因素引起的火灾，也称内因火灾。

（一）外因火灾

外因火灾又称外源火灾，是指由于外来热源，如明火、放糊炮、电焊、气焊、在井下吸烟、人为纵火等原因造成的火灾。外因火灾一般容易发生在井口附近、井下机电硐室、采掘工作面和有电缆的木支架巷道处。外因火灾的特点是：突然发生；如果不能及时发现，常可能酿成恶性事故。

（二）内因火灾

内因火灾又称自燃火灾，是指由于一些自燃物质（主要是煤）在一定条件或环境下（如破碎后集中堆积，又有一定的风流供给）

自身发生物理、化学变化，积聚热量，从而导致着火而形成的火灾。

三、煤炭自燃及其预防

（一）煤炭自燃的初期预兆

煤矿内因火灾事故隐患主要表现为煤炭自燃。煤炭自燃的初期预兆有如下几种。

1. 巷道内湿度增加，出现雾气、水珠

煤炭氧化初期生成水分，往往使巷道内湿度增加，出现雾气或在巷道壁上挂有水珠；浅部开采时，冬季在地面钻孔或塌陷处会出现冒出水蒸气或冰雪融化现象。

2. 煤炭自燃放出煤油味、焦油味等

煤炭在从发热到自燃过程中，会因氧化而产生多种碳氢化合物，并放出煤油味、汽油味、松节油味或焦油味等。当人们可闻到这些气味时，说明煤炭自燃已发展到相当程度。

3. 巷道内发热，气温升高

煤炭在氧化、自燃过程中会释放大量热量。因此，从自然发火的地方流出的水和空气的温度比较高，人的皮肤可以直接感觉到。

4. 人有疲劳感

煤炭在氧化、自燃过程中，会放出有害气体，如二氧化碳、一氧化碳和二氧化硫等，这些有害气体会使人感到头痛闷热、精神不振、不舒服、有疲劳感。尤其是多数人有同感时，应提高警惕，查明原因，以防矿井火灾的发生。

（二）预防煤炭自燃的主要方法

1. 均压通风控制漏风供氧

均压通风是控制煤层开采中采空区等漏风的有效措施。首先，要在保证冲淡甲烷、风速、气温和人均风量的要求下，全面施行区域性均压通风，其调压措施包括单项调压和多项措施联合调压，具体实施中形成的工作面均压应逐步扩大到邻近工作面采空区的区域性均压。

2. 喷浆堵漏钻孔灌浆

对煤层开采中的可疑地点或已出现隐患的地点进行全封闭喷浆和打浅密集钻孔注浆，是防止自然发火的有效措施。

3. 注凝胶防灭火

采用注凝胶技术处理高温点或自然发火是煤层开采中防灭火的重要措施，其方法是将凝胶注入高温点或火点周围的煤体中，其作用是既可以封堵漏风通道、又可以吸热降温。

四、矿井发生火灾事故时的应急处置

发生火灾时要根据灾情采取以下应急避险的措施。

(1) 任何人发现井下火灾时，都应当视火灾性质、灾区通风和瓦斯情况，立即采取一切可能的方法直接灭火，控制火势，并迅速报告矿调度室。矿调度室在接到井下火灾报告后，应当立即按灾害预防和处理计划通知有关人员组织抢救灾区人员和实施灭火工作。

矿值班调度和在现场的区、队、班组长应当依照灾害预防和处理计划的规定，将所有可能受火灾威胁区域中的人员撤离，并组织人员灭火。电气设备着火时，应当首先切断其电源；切断电源后，必须使用不导电的灭火器材进行灭火。

抢救人员和灭火过程中，必须指定专人检查甲烷、一氧化碳、煤尘、其他有害气体浓度和风向、风量的变化，并采取防止瓦斯、煤尘爆炸和人员中毒的安全措施。

(2) 如果火灾范围不大，应立即组织力量直接扑灭。

(3) 如果火灾范围大或是火势猛，则应在撤出灾区人员、保证自身安全的前提下，采取稳定风流、控制火势发展、防止人员中毒和预防瓦斯或煤尘爆炸的措施，并随时保持与地面指挥部的联系，根据指挥部的命令行事。如果现场人员无力抢救且人身安全有受威胁的可能，或是其他地区发生火灾、接到撤退命令时，应立即进行自救和组织避灾。

(4) 见到火或突然接到火警通知需要立即撤退的人员，要在判明灾情和自己实际处境以及应采取的应急措施的前提下采取行动。任何情况下，遇险人员均不可惊慌失措、盲目行动。紧急措施必须及时、正确、果断，不可犹豫、疏忽，即使是对待一次微小的火灾隐患也不能麻痹大意。

五、发生火灾事故后安全撤离时应注意的事项

发生火灾事故时，如果不能直接扑灭或控制灾情，应迅速撤离火灾现场，撤离时要注意以下事项。

(1) 要尽最大可能迅速了解或判明事故的性质、地点、范围和事故区域的巷道情况、通风系统、风流和火灾烟气蔓延的速度与方向以及与自己所处巷道位置之间的关系，并根据矿井灾害预防、事故处理计划和现场实际情况确定撤退路线和避灾自救方法。

(2) 撤退时，任何人无论在任何情况下都不要惊慌，不能狂奔乱跑，应在现场负责人和有经验的老工人的带领下有组织地撤退。位于火源进风侧的人员，应迎着新鲜风流撤退；位于火源回风侧的人员或是在撤退途中遇到烟气有中毒危险时，应迅速佩戴好自救器并尽快通过捷径绕到新鲜风流中去，或是在烟气没有到达之前顺着风流尽快从回风出口撤到安全地点；如果距火源较近且越过火源没有危险时，也可以迅速穿过火区撤到火源的进风侧。

(3) 如果在自救器有效作用时间内不能安全撤出，则应在设有存储备用自救器的硐室换用自救器后再行撤退，或是寻找有压风管路系统的地点以压缩空气供呼吸之用。

(4) 撤退行动既要迅速果断又要快而不乱。撤退中应靠巷道有连通出口的一侧行进，避免错过脱离危险区的机会。同时，还要随时注意观察巷道和风流的变化情况，谨防火风压可能造成的风流逆转。

（5）如果无论是逆风或顺风撤退都无法躲避着火巷道或火灾烟气造成的危害，则应迅速进入避难硐室；没有避难硐室时，应在烟气袭来之前，选择合适的地点就地利用现场条件快速构筑临时避难硐室，进行避灾自救。

【案例】

某矿工人在掘进工作面违章爆破引发一堆小火，本来只要用简单扑打覆盖的方法就可将火扑灭，但是，他发现着火后，由于无知和惊慌掉头就跑，没有采取任何措施，更没有向调度室和任何人报告情况就偷偷地升井溜走。当有关人员在主风井发现烟雾时，火势已经扩大，现场灭火时又发生了瓦斯爆炸，造成9人死亡，致使全井封闭。

安全提示：

（1）任何情况下发现火情，都不可惊慌失措。应判明灾情，采取直接扑灭、切断电源等应急措施。

（2）发现烟气成明火等火灾灾情，应立即通知在附近工作的人员，并迅速向煤矿调度室报告。

第六节　爆破事故及防治

一、矿井常见爆破事故

在我国煤矿生产和建设中，无论是采煤还是巷道掘进，钻眼爆破技术仍然普遍被使用。在爆破过程中引起的人员伤亡和财产损失，称为爆破事故。矿井爆破事故是常见的灾害之一，对矿井的危害较大。

二、井下爆破事故防治

引起矿井爆破事故的因素很多。在爆破器材的质量、贮存、管理、运送、使用或与爆破技术有关的任何一个环节出现问题，都可引发爆破事故。

（一）爆破前的防治措施

（1）所有爆破人员，包括爆破、送药、装药人员，必须熟悉爆炸材料性能和《煤矿安全规程》中的相关规定。

（2）每次爆破作业前，爆破母线必须扭结成短路；爆破工必须做电爆网路全电阻检查。严禁用发爆器打火放电检测电爆网路是否导通。

（二）爆破过程中的防治措施

（1）爆破时，严格执行“一炮三检”制度和“三人连锁爆破”制度。

（2）加强警戒。警戒人员责任心要强，警戒时不准兼做其他作业，不准睡觉、打闹、脱岗。警戒人员必须在有掩护的、警戒距离之外的地点警戒，严禁其他人员进入爆破地点。

（3）按规定装药、连线。装药时，先清除炮眼内的煤岩粉，将药卷轻轻推入，不得冲撞，炮眼内的各药卷必须彼此密接。

（4）爆破工不得随意将把手或钥匙转交他人。不到爆破时，不得将把手或钥匙插入发爆器或电力爆破接线盒。

（5）爆破母线连接脚线、检查线路和通电工作，只准爆破工一人操作。

（6）爆破时，爆破工必须发出警号，至少再等 5 s 才可起爆。

（三）爆破后的防治措施

（1）加强通风。及时吹散炮烟，作业人员必须待炮烟散尽后，才能进入工作面，避免炮烟熏人。

（2）认真检查。爆破工、瓦斯检查工、班组长必须巡视爆破地点，检查通风、瓦斯、煤尘、顶板、支架、拒爆、残爆等情况。

（3）正确处理拒爆、残爆。

矿井除一般情况下的爆破外，还会遇到爆破条件比较复杂、施工比较困难的地段。这些地段的爆破工作除遵守一般要求外，还应根据具体情况，采取特殊措施，才能保证爆破工作的安全性和可靠性。

（四）巷道贯通时的爆破事故防治

(1) 巷道贯通前，要检查和排放贯通地点的瓦斯。当工作面和贯通地点的瓦斯浓度超过1%时，禁止贯通爆破。

(2) 独头掘进贯通爆破时，距贯通地点20 m，必须在穿透位置里外两侧设好警戒，禁止在警戒区内作业或逗留，穿透位置不清禁止爆破。

(3) 两头对掘贯通爆破，当相距20 m时(综掘巷道相距50 m时)，必须停止一头作业，仍然保持通风，由一头贯通，并派专人负责警戒。

(4) 巷道贯通前，要加固支架，以防崩倒棚子和崩坏棚腿而造成倒棚冒顶。

(5) 超过贯通距离而不通时，要立即停止爆破，查明原因，重新采取贯通措施。

（五）穿透老空区时的爆破事故防治

(1) 打眼时，如发现炮眼内出水、温度骤高骤低、有大量瓦斯涌出、煤(岩)松散等情况，要停止爆破，查明原因。

(2) 距穿透老空区15 m前，先探明老空区来源以及老空区中的水、火、瓦斯等情况。如有水、火、瓦斯，必须采取防水措施、瓦斯排放措施和火区封闭措施，否则禁止爆破。

(3) 距穿透老空区15 m前，由测量工在老空区内标明穿透位置，以便在检查时按穿透位置的实际情况采取不同措施，避免在爆破时误穿火区、水区。

(4) 穿透老空区时，要把人员撤到安全地点，并在安全地点实施爆破。爆破后，只有查明老空区情况并确认无危险后，才能恢复工作。

（六）接近积水区时的爆破事故防治

(1) 要根据实际情况，编制切实可行的探放水设计和安全措施，否则禁止爆破。

(2) 发现有透水预兆，要立即停止爆破，及时汇报，查明原因；情况危急时，人员必须立即撤离。

(3) 打眼时若发现炮眼渗水，不要拔出钎杆。

(七) 处理溜煤眼堵塞时的爆破事故防治

(1) 必须采用取得煤矿矿用产品安全标志的用于溜煤(矸)眼的煤矿许用刚性被筒炸药，或不低于该安全等级的煤矿许用炸药。

(2) 每次爆破只准使用一个煤矿许用电雷管，且最大装药量不得超过 450 g。

(3) 爆破前，必须检查溜煤(矸)眼内堵塞部位的上部和下部空间的瓦斯。

(4) 爆破前，必须洒水。

(5) 在有安全威胁的地点爆破时，必须撤人、停电。

(八) 石门揭穿煤与瓦斯突出煤层进行震动爆破时的爆破事故防治

(1) 必须编制专门设计报告。爆破参数、爆破器材及起爆要求，爆破地点，反向风门位置，避灾路线及停电、撤人和警戒范围等，必须在设计报告中明确规定。

(2) 震动爆破工作面，必须具有独立、可靠、畅通的回风系统。爆破时回风系统内必须切断电源，严禁人员作业和通过。在进风侧巷道中，必须设置两道坚固的反向风门。

(3) 爆破 30 min 后，人员方可进入工作面检查。

(4) 震动爆破应一次全断面揭穿或揭开煤层。未能一次揭穿煤层的，在掘进剩余部分时，必须按震动爆破要求进行爆破作业。

(5) 应采用挡栏设施，降低震动爆破诱发突出的强度。

【案例】

2003 年 6 月，某矿采煤队短母线爆破，造成一起轻伤事故。事故发生在 23204 工作面的夜班，由于二斜井 1 时 30 分停运，爆破工赵某为了赶在1时30分前升井，在距爆破地点20 m处就拧响了发爆器。爆炸后飞出的块煤将爆破工赵某的头部击伤，造成其脑震荡(轻伤)。

安全提示：

(1) 爆破工应按章作业，工作面爆破母线不得少于75 m。

(2) 爆破作业必须执行“一炮三检”制度和“三人连锁爆破”制度。

第五章　矿井水文地质基础知识

第一节　矿井水基础知识

一、基本概念

(1) 矿床充水：矿床(体)开采前在自然状态下于矿床(体)和围岩中赋存的水，是一种自然现象。

(2) 矿井水：采矿过程中流入矿井(山)巷道的水。

(3) 矿井涌水：采掘过程中水进入矿井(坑)的过程。

(4) 矿井突水：超过矿井排水能力的瞬时大量涌水。

矿床充水、矿井涌水和矿井突水的水量大小分别称为充水强度、涌水强度(或涌水量)和突水强度(或突水水量、突水涌水量)，单位为 m^3/h。

注意：在我国，“矿井”指井工开采的煤矿；其他金属矿、非金属矿和露天煤矿一般称为“矿山”或“矿坑”；勘探时期对矿井涌水条件的分析一般称为“矿井充水条件分析”。

二、我国煤矿水害区的分布

根据我国聚煤区的不同水文地质特征和自然地理条件，以及矿井水对生产的危害程度，可将全国煤矿水害区划分为 6 个。

(一) 华北石炭二叠系岩溶、裂隙水水害区

华北石炭二叠系岩溶、裂隙水水害区位于阴山构造带以南、昆仑-秦岭构造带东段以北、贺兰山构造带以东地区，属亚湿润、亚干旱气候区。

该水害区矿井出水、突水较频繁，涌水量大，影响煤矿安全生产或易发生淹井事故。目前，矿井中深部下组煤层受煤系地层底板强含水层威胁，有几百亿吨防隔水煤柱煤不能开采。

（二）华南晚二叠统岩溶水水害区

华南晚二叠统岩溶水水害区位于昆仑-秦岭构造带东段以南、川滇构造带以东地区，属湿润气候区，年降水量为1 200～2 000 mm。该水害区矿井突水量大，约为2 700～27 000 m^3/h，矿井正常涌水量为3 000～8 000 m^3/h，矿井担负着巨额的排水电费。矿区地面塌陷严重，矿井安全生产受到严重威胁。在雨季，浅部煤层开采受水害危险更大。

（三）东北侏罗系裂隙水水害区

东北侏罗系裂隙水水害区位于阴山构造带以北地区，属湿润-亚湿润气候区，年降水量为400～800 mm。该水害区矿井涌水量不大，部分矿区由于受地表水、第四系松散层水以及由地表水与第四系松散层水补给含水层的威胁，易发生矿井突水事故。

（四）西北侏罗系裂隙水水害区

西北侏罗系裂隙水水害区位于昆仑-秦岭构造带西段以北、贺兰构造带以西地区，属干旱气候区，局部为亚干旱区，年降水量为25～100 mm。该水害区严重缺水，存在供水问题，部分矿区存在地表水和老窑水形成的煤矿水害事故。

（五）西藏-滇西中生代裂隙水水害区和台湾第三系裂隙、孔隙水水害区

西藏-滇西中生代裂隙水水害区和台湾第三系裂隙、孔隙水水害区，新生代煤田储量仅占全国储量的0.1%，水文地质条件比较简单，水害也不严重。

第二节　矿井水的形成

一、自然界中的水循环

自然界中大气水、地表水和地下水是统一的水体，它们之间存在着内在联系和不断相互转化的循环过程。

地球上的水，以气态、固态、液态 3 种形式存在于大气层、海洋、河流、湖泊、沼泽、土壤、冰川、永久冻土、地壳深处以及动植物体内。它们相互转化，共同组成一个包围地球的水圈。

自然界中的水之间存在着内在联系和不断相互转化的循环过程。水通过一些如蒸发、降水、渗透等物理作用，在地球的表面和地底流动，由一个地方移动到另一个地方，这就是水循环，如图 5-1 所示。水循环包括内陆循环、海陆循环和海洋循环。

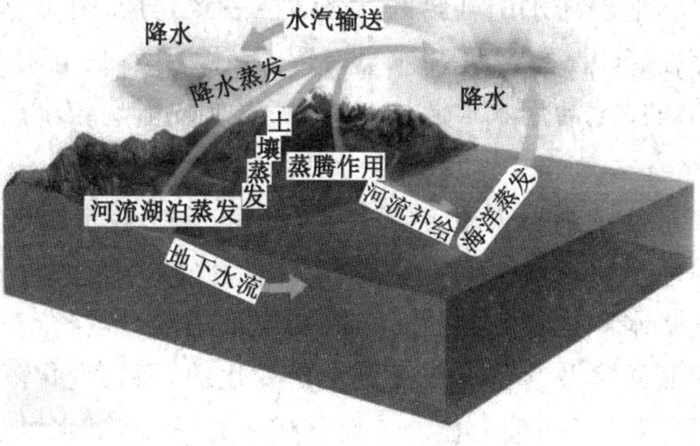

图 5-1　水循环示意图

地下水循环，是自然界水循环的组成单元。在水循环中，大气降水、地表水在一定条件下渗入地下，地下水获得补给，这个过程称为地下水的补给。由于不断地获得补给，地下水才能不断地由岩石孔隙中的高水位流向低水位，这个过程称为地下水径流。当地下水以泉等形式涌出地表或流入矿井和抽水孔时，地下水量减少，这个过程称为地下水的排泄。地下水的补给、径流和排泄组成地下水循环。

二、地下水赋存状态

地下水是指赋存于地面以下岩石空隙中的水，狭义上是指地下水面以下饱和含水层中的水。在《水文地质术语》(GB/T 14157—2023)中，地下水是指埋藏在地表以下各种形式的重力水。

地下水可以根据其某一特征进行分类，也可以综合考虑其若干特征进行分类。对煤矿生产有直接意义的分类方法有两种：按地下水的埋藏条件分类和按地下水的含水介质(空隙)分类。

(一) 按地下水的埋藏条件分类

1. 上层滞水

上层滞水是指存在于潜水面以上包气带中的局部不透水层上的重力水。上层滞水的补给区与分布区一致，分布范围有限，往往雨季时存在、干旱季节消失；水量有限，易受污染；只能用作暂时性或小型的居民生活用水水源；对采矿工作来说影响较小。

2. 潜水

潜水是位于第一个稳定隔水层以上的含在透水层中、能够自由流动的地下水。潜水的水面起伏不平，被称为潜水面。潜水主要由大气降水和地表水补给。多数情况下，补给区与分布区一致。潜水的埋藏深度及含水层厚度经常是变化的，而且变化范围较大，气候、地形对其影响最为显著。对煤矿工作来说，潜水对建井及露天开采的影响较大，对地下开采的影响较小。

潜水的特征有：① 潜水直接接受大气降水和比它水位高的地表水的渗入，分布区与补给区一致；② 潜水面不承受静水压力；③ 在重力作用下，潜水由高向低流动，称为潜水流；④ 潜水的埋深因地而异，与水位、水量变化有关。

3. 承压水

承压水(自流水)是埋藏在两个隔水层之间的透水层中的地下水,其运动受上下隔水层的约束和水压的作用,通常是从补给区流向排泄区。承压水的补给区与分布区不一致,其受大气降水变化的影响较小,不易受污染。在承压水区,当断裂或人工打井穿过其上面的隔水层时,承压水即可上涌,如出水口低于水源区,就会出现自流井(泉)。

承压水的特征有:① 承压水具有静水压力;② 以侧向补给为主,因此补给区与分布区不一致;③ 承压水径流严格受隔水层控制,其埋藏分布主要取决于地质构造;④ 承压水的动态受降水、蒸发、水文等因素影响,但不如潜水显著,水位变化幅度小,一般有滞后性;⑤ 由于有连续的隔水层的覆盖,承压水不易污染。

(二) 按地下水的含水介质(空隙)分类

1. 孔隙水

孔隙水是指存在于疏松岩层的孔隙中的水,主要赋存在松散沉积物颗粒间的孔隙中,在堆积平原和山间盆地内的第四纪地层中分布广泛。孔隙水是工农业和生活用水的重要供水水源。孔隙水的分布、补给、径流和排泄决定于沉积物的类型、地质构造和地貌等。

2. 裂隙水

裂隙水是赋存和运动于基岩裂隙中的地下水。裂隙水是丘陵、山区供水的重要水源,也是矿坑充水的重要来源。按含水介质裂隙的成因不同,裂隙水可分为风化裂隙水、成岩裂隙水与构造裂隙水。按埋藏条件不同,裂隙水可分为潜水和承压水。与孔隙水比较,裂隙水分布不均匀,水力联系不好,介质的渗透性具有不均一性与各向异性。

3. 岩溶水

岩溶水又称喀斯特水,是储存和运动于可溶蚀裂隙和溶洞中的地下水。岩溶是指发育在可溶性岩石地区的一系列独特的地质作用和现象的总称。岩溶的地质作用包括地下水的溶蚀作用和冲蚀作用，由这两种作用形成各种溶隙、溶洞和溶蚀地形。岩溶水最明显的特点是分布极不均匀。

三、矿井充水

（一）矿井充水的含义

矿井水的形成又称为矿井充水，是指煤矿开采过程中，各种来源的水（如大气降水、地表水、老窑水、地下水等），通过不同的方式（如淋水、渗入、溃入、突水等）和途径（如回采冒落带、断层、裂隙带、集中径流带、风化带、岩溶陷落柱、老窑采空区等）进入矿井的过程。矿井充水的特征由充水水源、充水方式、充水通道及充水强度决定，同时，与矿井的开拓方式、采煤工艺和方法密切相关。

（二）矿井充水的影响因素

影响矿井充水的因素很多，但起决定作用的因素是充水水源、隔水层、煤层特点及其与顶底板的组合关系。矿井充水水源是决定矿井涌水量及疏排地下水后可能产生的一些水文地质、工程地质问题的性质、范围的主导因素；充水水源与煤层之间的隔水层则限制着充水水源向矿井充水，决定着充水水源向矿井充水的潜力发挥到什么程度，以及在何处、用什么方式、通过什么途径向矿井充水；煤层的厚度、埋藏深度等常常影响着煤层的开采方法、开拓方案及采高等要素，改变着矿井充水的特征。

（三）矿井充水水源

矿井充水水源主要有大气降水、地表水、老空水及地下含水层水等。矿井充水水源可分为直接充水水源和间接充水水源。

直接充水水源，是指可以不通过其他含水层直接向矿井充水的水源，其水量的大小常决定着它向矿井充水的能力。

间接充水水源，实质上是一种补给水源，它不能直接进入矿井，而是先补给给其他含水层，再通过这些含水层向矿井充水。间接充水水源向矿井充水的强度除取决于自身的充水能力（水量大小)外,还取决于它所补给的含水层的导水能力。

第三节 含水层和隔水层

一、含水层

含水层是指能够透过并给出相当数量水的岩层。含水层的特征有:具有储存重力水的空间区性;具备储存地下水的地质结构;具备补给水源。

在煤层开采过程中,向矿井充水的含水层,其岩性、厚度、岩石成因类型、结构、含水空间形态、导水性和富水性差别很大。不同岩类的含水层因其岩性不同,发育着不同的含水空间形态,其地下水赋存与运移条件、储水和导水能力、富水性及其不均匀性均有很大差别;同一岩类的含水层因其厚度、埋藏条件和岩层组合形式或结构不同,含水空间形态、地下水赋存条件和富水性亦有区别。因此,含水层不同,相应的矿井水文地质类型及其复杂程度也就不同,在采掘过程流入矿井的水量差别很大,对水文地质勘探手段的选择、工程量的布置及防治水措施均有很大的影响。

对煤矿矿床而言,含水层主要有以下 4 种类型。

(1) 碳酸盐岩类含水层,其含水空间形态为溶蚀裂隙、溶蚀溶洞和溶蚀管道(暗河),含水介质十分不均一,富水性强。

(2) 坚硬岩类含水层,其含水空间为风化裂隙和构造裂隙,裂隙在水平和垂直方向上变化很大,一般富水性较弱。

(3) 半坚硬半胶结岩类含水层,其含水空间分为成岩裂隙、构造裂隙及风化裂隙等,裂隙具有分带性,富水性中等。

(4) 松散岩类含水层,其含水空间为组成含水层的固体颗粒之间的孔隙,富水较均一,一般埋藏较浅,易得到大气降水和地表水的补给。

一般来讲,碳酸盐岩类含水层的富水性与导水能力较其他 3

种岩类含水层强,故对矿井充水强度大,矿井水文地质条件复杂。矿井涌水量大的矿井一般以岩溶充水为主。

二、含水层与开采煤层的水力联系

含水层与开采煤层的水力联系直接决定着矿井涌水量的大小及变化情况。按照强弱不同,含水层与开采煤层的水力联系可以分为以下4种类型。

(1) 直接充水含水层强、间接充水含水层强型。该类型矿井涌水量大而且涌水持续时间长。

(2) 直接充水含水层强、间接充水含水层弱型。该类型矿井建井期间以及矿井生产初期涌水量大,但随着开采面积逐渐扩大,涌水量通常会不断减少或迅速减少。

(3) 直接充水含水层弱、间接充水含水层强型。该类型矿井涌水量中等,随着开采面积的扩大和开采水平的加深,涌水量会逐步增大。

(4) 直接充水含水层弱、间接充水含水层弱型。该类型矿井涌水量小,随着开采面积的扩大和开采水平的加深,涌水量不会有明显增加。

三、隔水层

隔水层是指既不能给出又不能透过水的岩层,或者给出或透过的水量都极少的岩层。隔水层具有良好的隔水性能,在煤层开采过程中隔水层能有效阻隔地表水和含水层的水流入矿井,或能大大减弱流入矿井的水量。隔水层的隔水性能与岩性、厚度、分布和力学强度等有关。

煤系隔水层一般是由砂岩、泥岩、砂质泥岩、煤和灰岩等组成,隔水层主要是以泥岩、砂质泥岩为主的岩层。从力学属性来看,煤系隔水层属黏塑性岩石,力学强度低,岩石受力后发生塑性变形,当应力超过弹性极限后,发生破裂,破裂方式主要以黏性剪断为主,产生隐蔽裂隙和闭合裂隙;即使发育张裂隙,裂隙中也往往充填了自身破碎的泥质碎屑物。因此,这类岩石的含水性和导水性一般很弱,能起阻水作用。

在采煤过程中,隔水层起阻隔或减弱地下水流入矿井的作用。隔水层的阻水作用除了与岩性和力学性质有关外,还和隔水层的厚度、分布、距煤层的间距及其与含水层组合特征有关。

煤系隔水层一般有以下 3 种形式。

(1) 厚层泥岩、砂质泥岩、致密的粉砂岩隔水层:分布在开采煤层冒落带顶部,其上部为中粗粒砂岩含水层。该隔水层起着阻隔砂岩含水层水流入矿井的作用。

(2) 泥岩、砂质泥岩和致密的粉砂岩互层:分布在开采煤层与其下部承压含水层之间。当隔水层的厚度、强度能够抵抗承压水水压和矿压的共同破坏时,能起到阻隔承压含水层水涌入矿井的作用。

(3) 泥岩、砂质泥岩、致密的粉砂岩:和含水层呈互层状或层间分布,隔水层在垂向上能够阻隔含水层的水力联系。在自然状态下,含水层只是在浅部能获得大气降水和第四系松散层补给,大大减弱了含水层在深部流入矿井的水量。

四、含水层、隔水层与煤层的组合关系

按照含水层和煤层的位置关系,可将含水层分为底板充水含水层和顶板充水含水层。当含水层位于煤层底板以下时,组成底板充水含水层;当含水层位于煤层顶板以上时,组成顶板充水含水层。

(一) 底板充水含水层

底板充水含水层补给区一般在矿区外围,地下水径流较长,水压较高。进水途径除了直接揭露含水层造成涌水外,主要通过断层密集地带或交错尖灭处、隔水层薄弱地带等发生突水涌入矿井。当巨厚碳酸盐岩含水层与煤层底板间分布有稳定隔水层,其厚度大于底板破坏带与承压水导升带之和,且强度能够抵抗含水层水水压时,则可进行带压开采,但必须采取防断层、薄弱带突水的带压开采措施。当隔水层强度不能抵抗含水层水压时,则必须采取底板加固和含水层改造等防治水措施后，方可进行安全采煤。

（二）顶板充水含水层

顶板充水含水层除了能接受大气降水垂直渗漏补给外，还可通过煤层露头区风化裂隙带与老窑塌陷区垂直渗透补给。其进水途径是在开拓回采过程中顶板直接涌水、淋水，流入矿井顶板含水层。如果位于煤层冒裂带以内，则组成顶板直接充水含水层。随着煤层的开采，顶板冒落后直接进入矿井，对煤层开采影响很大，应提前疏放。顶板充水含水层如果位于煤层冒裂带以外，则组成顶板间接充水含水层，其防治措施应注重阻断含水层向冒裂带充水的途径。

五、煤矿水文地质类型

《煤矿防治水细则》第十二条规定，根据井田内受采掘破坏或者影响的含水层及水体、井田及周边老空（火烧区，下同）水分布状况、矿井涌水量、突水量、开采受水害影响程度和防治水工作难易程度，将矿井水文地质类型划分为简单、中等、复杂和极复杂 4 种类型。如表 5-1 所示。

表 5-1　矿井水文地质类型

<table>
<tr><th colspan="2" rowspan="2">分类依据</th><th colspan="4">类别</th></tr>
<tr><th>简单</th><th>中等</th><th>复杂</th><th>极复杂</th></tr>
<tr><td rowspan="2">井田内受采掘破坏或者影响的含水层及水体</td><td>含水层（水体）性质及补给条件</td><td>为孔隙、裂隙、岩溶含水层，补给条件差，补给来源少或者极少</td><td>为孔隙、裂隙、岩溶含水层，补给条件一般，有一定的补给水源</td><td>为岩溶含水层、厚层砂砾石含水层、老空水、地表水，其补给条件好，补给水源充沛</td><td>为岩溶含水层、老空水、地表水，其补给条件很好，补给来源极其充沛，地表泄水条件差</td></tr>
<tr><td>单位涌水量 $q/(L\cdot s^{-1}\cdot m^{-1})$</td><td>$q\leqslant 0.1$</td><td>$0.1<q\leqslant 1.0$</td><td>$1.0<q\leqslant 5.0$</td><td>$q>5.0$</td></tr>
</table>

表 5-1(续)

分类依据		类别			
		简单	中等	复杂	极复杂
井田及周边老空水分布状况		无老空积水	位置、范围，积水量清楚	位置、范围或者积水量不清楚	位置、范围、积水量不清楚
矿井涌水量 /($m^3 \cdot h^{-1}$)	正常 Q_1	$Q_1 \leqslant 180$	$180 < Q_1 \leqslant 600$	$600 < Q_1 \leqslant 2\ 100$	$Q_1 > 2\ 100$
	最大 Q_2	$Q_2 \leqslant 300$	$300 < Q_2 \leqslant 1\ 200$	$1\ 200 < Q_2 \leqslant 3\ 000$	$Q_2 > 3\ 000$
突水量 Q_3/($m^3 \cdot h^{-1}$)		$Q_3 \leqslant 60$	$60 < Q_3 \leqslant 600$	$600 < Q_3 \leqslant 1\ 800$	$Q_3 > 1\ 800$
开采受水害影响程度		采掘工程不受水害影响	矿井偶有突水，采掘工程受水害影响，但不威胁矿井安全	矿井时有突水，采掘工程，矿井安全受水害威胁	矿井突水频繁，采掘工程、矿井安全受水害严重威胁
防治水工作难易程度		防治水工作简单	防治水工作简单或者易于进行	防治水工作难度较高，工程量较大	防治水工作难度高，工程量大

注：① 单位涌水量 q 以井田主要充水含水层中有代表性的最大值为分类依据；

② 矿井涌水量 Q_1、Q_2 和突水量 Q_3 以近 3 年最大值并结合地质报告中预测涌水量作为分类依据；

③ 同一井田煤层较多，且水文地质条件变化较大时，应当分煤层进行矿井水文地质类型划分；

④ 按分类依据就高不就低的原则，确定矿井水文地质类型。

第四节　矿井充水条件分析

一、矿井充水条件

矿井充水水源和充水通道的综合作用，称为矿井充水条件。

矿井充水条件分析是指对矿井充水水源、充水通道以及二者的综合作用对矿井造成的充水强度所进行的分析。

矿床充水条件分析从煤田普查阶段开始直至矿井开采结束，贯穿于整个工作过程。普查至勘探阶段的矿床充水条件分析，主要是依据矿床所处的自然地理、地质构造和矿区水文地质特征，重点分析天然条件下，主要充水岩层的地下水类型、赋存条件、循环条件和补给条件等，并初步预测矿床开采后主要的充水水源和通道，为矿井涌水量预测预报及计算提供基础资料，也为矿井进行地下水突水数值模拟提供现场数据和资料。矿井开采阶段的充水条件分析，重点是解决在开采条件下矿床充水的水源和通道问题，从而为预测矿井正常和最大涌水量、确定合理的防治水方案提供依据。

二、矿井天然充水条件

（一）矿井天然充水水源

1. 大气降水

大气降水是地下水的主要补给来源，所有矿床充水都直接或间接地与大气降水有关。大气降水分为高空水和低空水。高空水包括雨、雪、冰雹等，低空水包括露水、雾气、霜降等。

2. 地表水

分布在井田范围或附近的地表水，可能成为矿井充水水源。地表水包括地球表面上的江河水、湖泊水、水库水、沟渠水、池塘水、泉水、冰雪融化水、塌陷坑积水等水体。地表水不仅可以造成矿井突然涌水，严重情况下还会导致水砂同时溃入矿井。

3. 地下水

当岩层中有孔隙、裂隙或溶隙并含有地下水时，即称为含水层。含水层中的水是流动的，并不断接受大气降水、地表水的补给。开采深度越深，含水层的水压越高；裂隙溶隙越发育，含水层也越发育。地下水是矿井水害中危害最大的。

（二）矿井天然充水通道

矿床天然充水通道主要包括点状岩溶陷落柱、断裂(裂隙)带、窄条状隐伏露头、面状裂隙网络(局部面状隔水层变薄或尖灭)和地震裂隙等。

1. 点状岩溶陷落柱通道

岩溶陷落柱是指埋藏在煤系地层下部的巨厚灰岩，在地下水的溶蚀作用下，形成了巨大的岩溶空洞，空洞顶部岩层垮落后，充填到溶蚀空间中，因其剖面形态似一柱体，故称岩溶陷落柱。岩溶陷落柱像一导水管道沟通了煤系充水含水层中的地下水与灰岩水，特别是位于富水带上的岩溶陷落柱，可造成不同充水含水层组中地下水的密切水力联系。

2. 断裂(裂隙)带通道

断裂(裂隙)带是否能够成为充水通道主要取决于断裂带性质，以及矿床开采时人为采矿活动方式与强度。矿区含煤地层中发育有数量不等的断裂构造，它们可使断裂附近岩石破碎、位移，也可使地层失去完整性，被称为各种水源涌入矿井的通道。

3. 窄条状隐伏露头通道

在我国大部分煤矿，煤层及煤系薄层灰岩含水层和中厚层砂岩裂隙含水层以及巨厚层的碳酸盐岩含水层，呈窄条状的隐伏露头形式并与上覆第四系松散沉积物不整合接触。第四系含水层组底部的黏性沉积物由于沉积尖灭或其他原因，沉积厚度极其有限，甚至局部缺失形成“天窗”，这样如果煤系和巨厚层的碳酸盐岩含水层在隐伏露头的风化带部位渗透性较好，高水头的碳酸盐岩承压含水层地下水首先直接通过“天窗”部位上补第四系孔隙含水层组，而第四系孔隙水又以同样的方式下补被疏降的煤系薄层灰岩含水层或中厚层砂岩裂隙含水层。第四系含水层组像座畅通无阻的桥梁在煤系和碳酸盐岩含水层组两个窄条状隐伏露头处，接通了它们彼此间的水力联系。

4. 面状裂隙网络通道

在华北煤田北部一带，煤系含水层组主要以厚层状砂岩含水层组为主，薄层灰岩沉积较少，在厚层砂岩含水层组之间沉积了以细砂岩、粉细砂岩和泥岩为主的隔水层组。在地质历史的多期构造应力作用下，隔水岩层受力后以破裂形式释放应力，致使隔水岩层产生了不同方向的较为密集的裂隙和节理，这样就形成了较为发育的呈整体面状展布的裂隙网络。

5. 地震裂隙通道

通过实际检测发现，在地震发生前后矿井涌水会发生明显的变化。地震前区域含水层受张力时，区域地下水水位下降，矿井涌水量明显减少；地震发生时区域含水层压缩，区域水位瞬时上升数米，矿井涌水量瞬间变大；地震发生后，区域含水层逐渐恢复正常状态，区域地下水位逐渐下降，矿井涌水量逐渐减少。有的区域含水层在地震后仍存在残余变形，矿井涌水量在很长时间内恢复不到正常涌水量。由地震产生的通道称为地震裂隙通道。

三、矿井人为充水条件

（一）矿井人为充水水源

1. 袭夺水

由于矿床开采，降落漏斗不断扩展，人工流场强烈改造矿区天然地下水流场，人工地下水流场获得新的补给水源称为袭夺水源，简称袭夺水。

袭夺水存在下列4种情况。

（1）位于矿床地下水排泄区的泉水。

（2）位于矿床地下水排泄区的地表水（海湖、河）体。

（3）位于矿床地下水径流带内的排泄区一侧相邻的含水层。

（4）相邻水文地质单元地下水。

2. 老窑水

老窑水是指由于人们开采煤炭，掏空了煤层而破坏了原有岩层的完整性，形成各种裂隙、裂缝等，致使含水岩层及各种水源进入采空区而积水。

老窑水一般分布在老矿山的浅部，它具有下列充水特点。

(1) 老窑水以静储量为主，静储量与采空区分布范围有关。

(2) 老窑水为多年积水，水循环条件差，多为酸性水，有较强的腐蚀性。

(3) 老窑突水一般水势迅猛，水中含有大量的硫化氢气体，该气体危害性大。

（二）矿井人为充水通道

矿井人为充水通道是由于采掘活动等引起的人为涌水通道，这类通道是由于不合理勘探或开采造成的，包括顶板冒落裂隙带、底板破坏带、地面岩溶疏干塌陷带和封闭质量不佳的钻孔等。

1. 顶板冒落裂隙带

工作面采煤后对煤层顶板形成破坏，根据破坏程度的不同可分为 3 个带，即冒落带、导水裂缝带和弯曲带，俗称“上三带”。其中冒落带和导水裂缝带破坏较大，弯曲带破坏较小。冒落带和导水裂缝带是矿井充水的人为通道，其具有以下特点。

(1) 当冒落裂隙带发育高度达到顶板充水岩层时，矿井涌水量将有显著增加；当未能达到顶板充水岩层时，矿井涌水无明显变化。

(2) 当顶板冒落裂隙带发育高度达到地表水体时，矿井涌水量将迅猛增加，同时常伴有井下涌砂现象。

2. 底板破坏带

工作面采煤后对煤层底板也会形成破坏，根据破坏程度的不同可分为 3 个带，即底板破坏带、完整隔水带和承压水导升带，俗称“下三带”。当底板破坏带和承压水导升带连通后，会造成底板突水。

3. 地面岩溶疏干塌陷带

随着我国岩溶充水矿床大规模抽放水试验和疏干开采，矿区及其周围地区的地表岩溶塌陷随处可见，地表水和大气降水通过塌陷坑充入矿井。有时随着塌陷面积的增大，大量砂砾石和泥砂与水一起溃入矿井。

4. 封闭质量不佳的钻孔

某些钻孔由于封孔质量不好变成了人为导水通道，当掘进巷道或采区工作面经过没有封闭好的钻孔时，顶、底板含水层的水将沿着钻孔进入矿井，造成涌（突）水事故。

三、矿井充水强度分析

在自然界分布的矿床中，单一充水水源和充水通道是少见的。从水文地质剖面可以看出的，矿层（体）上部和下部往往分布多个充水含水层组。究竟哪个是充水岩层，哪个不是充水岩层，哪个是强充水岩层，哪个是弱充水岩层，解决这些问题的方法称为矿床充水强度分析。

（一）矿井充水强度

地下水储存在不同的充水含水层中，含水层的埋藏条件不同和岩石性质不同，决定了它们含水强度的不同，采掘工程一旦接近或揭露含水层时，涌入矿井的水量是不一样的，有的很大，有的却很微弱。在煤矿生产中，把地下水涌入矿井内水量的多少称为矿井充水强度，用来反映矿井水文地质条件的复杂程度。

生产矿井常用含水系数（K）或矿井涌水量（Q）2 个指标来表示矿井充水强度。

1. 含水系数

含水系数又称富水系数，是指生产矿井在某时期的涌水量 Q 与同一时期内的煤炭产量 P 的比值，即矿井每采 1 t 煤的同时，需从矿井内排出的水量。含水系数 K_B 的计算公式为：

$$K_B = Q/P, m^3/t$$

根据含水系数的大小，将矿井充水程度划分为以下 4 个等级。

(1) 充水性弱的矿井，$K_B<2\ m^3/t$。

(2) 充水性中等的矿井，K_B 为 2～5 m^3/t。

(3) 充水性强的矿井，K_B 为 5～10 m^3/t。

(4) 充水性极强的矿井，$K_B>10\ m^3/t$。

2. 矿井涌水量

矿井涌水量是指单位时间内流入矿井的水量，又称矿井正常涌水量，用符号 Q 表示，单位为 m^3/d、m^3/h 或 m^3/min。

根据矿井涌水量大小，将矿井分为以下 4 个等级。

(1) 涌水量小的矿井，$Q<2\ m^3/min$。

(2) 涌水量中等的矿井，Q 为 2～5 m^3/min。

(3) 涌水量大的矿井，Q 为 5～15 m^3/min。

(4) 涌水量极大的矿井，$Q>15\ m^3/min$。

(二) 矿井充水强度的影响因素

矿床开采后，矿井充水强度除了取决于充水含水层组的富水性、导水性、厚度和分布面积外，还取决于充水含水层的补给条件、围岩条件及地质构造条件。

1. 充水岩层的出露条件和接受补给条件

充水岩层的出露条件包括它的出露面积和出露的地形条件。出露面积指接受外界补给水量的范围，出露面积愈大，则吸收降水和地表水的量就愈多；反之则少。接受补给条件是指出露的位置、地形的坡度及形态等，它关系到补给水源的类型和补给渗入条件。如分布在地形较陡的分水岭地段，降水大部分呈地表径流流失，它只能接受降水渗入补给；分布于低洼处地段，它不仅能接受降水的补给，而且能得到地表径流汇入洼地的补给。故在同等出露面积的情况下，低洼地段获得的补给水量比地形较陡的分水岭地段多；若直接位于河床下，则大量吸收地表水，对矿井充水强度影响更大。

充水含水层组出露条件和接受补给条件可划分为以下 5 种情况。

(1) 矿区位于山前地带，煤系地层与煤系充水含水层大面积被第四系黏土、亚黏土层覆盖。此类矿床开采时的特点是：① 矿井疏干时地下水位随采掘工作面向深部移动、降低。② 矿井疏干涌水量较小，矿井开采初期涌水量稍微大些，后期将逐渐减少。③ 矿井水量相对稳定，季节性变化不大。

(2) 矿区位于平原地区，煤系地层与煤系充水含水层大面积与第四系砂砾石含水层直接接触，矿床开采时由于第四系砂砾石含水层强烈充水，形成拟定水头强渗透边界，矿井涌水较大。为了防止水、砂溃入矿井，在煤层开采时需留设较厚的煤(岩)柱。

(3) 矿床分布于湖底下，煤系地层与煤系充水含水层位于湖底下，这类矿床的开采实际上就是水体下煤层开采。为了防止湖水溃入井下，矿床开采时期湖底煤系地层需留设防水安全煤(岩)柱。此外，在矿床开采过程中需要严格控制煤层顶板冒落带和导水裂缝带的发育高度和保护煤柱。

(4) 一般矿床，井田范围内无第四系松散覆盖沉积层和地表水体分布，煤系地层直接出露地表。在矿床开采时，充水含水层被疏降，地下水水位下降，充水含水层被疏降的速度除取决于充水含水层的富水性外，大气降水补给也是重要的决定因素。一般矿井的涌水量较小，地下水动态随季节性变化明显。

(5) 矿床分布于季节性河流下部，季节性河流成为矿床开采的季节性充水水源。开采这类矿床时，矿井必须在河流底部煤系地层留设防水保护煤(岩)柱，并严格控制冒落带和导水裂缝带的发育高度。

上述 5 种自然出露条件，其充水强度具有明显差别。同时，矿床开采方法、开采范围大小和开采深度等人为工程活动也是决定矿床充水强度的重要控制因素。

此外,矿区范围内覆盖层透水性能的强弱也是分析矿井充水强度不容忽视的因素,因为降水和地表水的充水作用,往往是通过覆盖层进行的。充水岩层出露程度愈高,盖层的透水性愈强,补给水源接触面积愈多,矿井充水愈强,涌水量愈大。

2. 矿井的侧向边界条件

侧向水力边界的封闭程度是评价直接充水矿床充水强度的一个重要指标。矿床开采后,煤系直接充水含水岩层经长期疏降,其地下水静储量很快被疏干,充水含水岩层能否长期充水,则取决于其边界的水力性质。当边界为强补给边界时,充水含水岩层则很难被疏干,它将长期充水;当侧向水力边界为弱透水或完全隔水边界时,矿床开采后充水含水岩层将被疏干,不会威胁矿井安全生产。

一个矿井的周边大多是由不同边界组合而成的,故它们的形状、范围、水量的出入直接影响了矿井的涌水量。按过水能力不同,矿井边界可分为以下 3 种。

(1) 供水边界(如透水断层、地表水体):能从外界获得补给的边界。如矿井内的煤层和主要充水含水层通过导水断层能获得区域强含水层的补给,在水头差作用下,区域地下水通过界面流入一定水量进入矿井。

(2) 隔水边界:该界面两侧无水量交换,直接充水含水层在边界处与泥岩、页岩接触,如火成岩体或隔水断层。

(3) 弱透水边界:直接充水含水层与区域含水层接触,但断层带弱透水或阻水,两侧水量交换微弱。

3. 煤层顶底板

煤层顶底板的隔水或透水条件是影响矿床充水强度的关键因素之一。煤层顶底板通常有以下 4 种组合方式。

(1) 顶板为透水层、底板为稳定隔水层:煤层或直接充水含水层仅能从大气降水或地表水通过盖层补给,此时矿井涌水量依赖于降水及地表水的渗入量。

(2) 顶板为隔水层、底板为透水层:矿井涌水量仅取决于下部承压含水层的出水量。

(3) 顶、底板均无隔水层存在:降水渗入和顶、底板出水等均会成为矿井涌水量。

(4) 煤层顶底板均是可靠的隔水层:这是最理想的条件,即无外部水源补给,矿井涌水量小,甚至干燥无水,但这种情况不多见。

当煤层上覆或下伏有强含水层或地表水体时,则顶、底板的隔水能力是影响矿井充水的主要因素。顶、底板的隔水能力取决于隔水层的岩性、厚度、稳定性、完整性和抗张强度。隔水层岩性为黏土、黏土岩、泥岩时,隔水能力较强。隔水层厚且稳定,开采冒落带达不到顶板强含水层或地表水体、底板完整隔水层能抗住承压水的水压时,矿井涌水量小;反之,矿井涌水量变大。隔水层愈完整,其抗张强度愈大,隔水性能愈好,矿井涌水量也就愈小;隔水层破坏程度愈高、完整性愈差,则抗张强度愈小,抵抗水压能力愈弱,矿井涌水量也就愈大。

4. 地质构造

构造的类型、规模和分布,对矿井充水强度起着控制作用。构造类型不同,则充水含水层的分布面积,空间位置,补、径、排条件亦有差别,从而矿井充水强度也不一样。同一构造中分布的矿井,由于所处部位不同,涌水量也各异,处在裂隙和岩溶不发育地段的矿井,涌水量较小。

褶皱构造往往构成大型的承压水盆地或斜地储水构造,形成一个独立的水文地质单元,不仅充水含水层厚度大,而且分布广,接受降水或其他水源的水量多,排泄量大,矿区总排水量大,矿井突水量大,水文地质条件复杂。如焦作矿区处于太行山南麓背斜的一翼,为承压水斜地储水构造,奥陶系含水层厚为400～600 m,岩溶发育,分布面积为1 592 km^2,裸露面积为1 073 km^2,资料表明，矿区奥灰水储量为 39.84 亿 t，动储量为 7.7～12 m^3/s，矿井最大涌水量为 320 m^3/min。

断裂构造发育的区域，容易发生突水事故，矿井涌水量也相对较大。据调查统计，在淄博矿区各矿井发生的 110 次底板突水事故中，发生在断层附近的突水有 91 次，占比约为 83%。断层突水多数与张性断裂有关，张性断裂易导致断层破碎带附近岩层破碎，形成储水空间和导水通道，连通强含水层和煤层。另外，断裂构造可造成煤层顶底板的破碎和不连续，直接影响煤层顶底板的隔水性能。

第六章 矿井突水预兆及突水量估算

第一节 矿井突水预兆

在前文,我们对突水预兆做了简单罗列。实际上受不同矿井充水条件的影响,不同煤矿突水水源多有不同,其突水预兆也会有一定的差别,如老空水突水预兆一般会伴有臭鸡蛋味。为方便学习,我们将突水预兆进行简单分类。

一、突水一般预兆

(1) 煤壁挂红:水中含有铁的氧化物,在通过煤层和岩层裂隙时,裂隙表面会出现暗红色水锈,一般认为巷道接近积水区。

(2) 煤壁挂汗:当采掘工作面接近积水区时,因水在自身压力作用下,通过煤岩裂隙透过煤岩壁,聚成水珠,俗称煤壁挂汗。

(3) 空气变冷:当工作面接近积水区时,气温骤然下降,煤壁发凉,人进去后有阴冷的感觉,时间越长就越感到阴凉。

(4) 出现雾气:当巷道内温度很高时,积水渗到煤壁后,引起蒸发而形成雾气。

(5) “嘶嘶”的水叫声:水体的水压大,水向裂隙中挤压发出“嘶嘶”的响声,此时,预示着离水体不远,即将突水。

(6) 其他预兆:透水前常伴有矿压增大,片帮、冒顶及底鼓现象。

二、老空水突水预兆

老空水突水前,除有上述突水的一般预兆外,还具有以下预兆。

(1) 有臭鸡蛋味:老空水一般有臭鸡蛋气味。取老空水,嘴尝发涩,手触发滑,亦可判断是老空水突水的征兆。

(2) 煤体松软:受采掘扰动影响,在接近老空水时,煤体与正常情况相比,一般比较破碎松软。

(3) 煤体颜色变暗无光泽:煤体长期受到老空水的浸入,颜色逐渐变暗,失去光泽。

三、工作面底板水突水预兆

(1) 工作面压力增大,底板鼓起。在底板承压含水体静水压力和矿山压力共同作用下发生底鼓,这是透水预兆。如果是受矿山压力单方面作用而产生底鼓,一般不突水。

(2) 工作面底板产生裂隙,并逐渐增大。

(3) 裂隙或煤帮向外渗水,并且随着裂隙的增大,水量增加。当底板渗水量增大到一定程度时,煤帮渗水可能停止。此时,水色时清时浊,底板活动时水变浑浊,底板稳定时水色变清。

(4) 底板破裂,沿裂缝有高压水喷出,并伴有“嘶嘶”声或刺耳的水声。

(5) 底板发生“底爆”,伴有巨响,地下水大量涌出,水色呈乳白色或黄色。

四、松散孔隙含水层突水预兆

(1) 突水部位发潮、滴水、淋水,且滴水现象逐渐增大或滴水、淋水现象持续时间较长,仔细观察有时会发现水中含有少量细沙。

(2) 发生局部冒顶,水量突增并出现流沙,流沙常呈间歇性,水色时清时浊,总的趋势是水量、沙量增加,直至流沙大量涌出。

(3) 顶板发生溃水、溃沙。这种现象可能影响到地表,致使地表出现塌陷坑。

在具体的突水事故过程中,上述预兆并不一定全部表现出来,应该细心观察、分析和判断。

【案例】

2022年10月15日，云南省昭通市某煤矿发生较大水害事故，造成4人遇难，直接经济损失1 711万元。事故发生后，煤矿瞒报，经群众举报查实。

事故直接原因：C1进风巷正掘工作面停掘后作为临时排水点，巷道内积水；反掘时未查清被贯通地点积水情况、未按规定进行探放水，出现透水征兆后仍冒险组织掘进，贯通C1进风巷正掘工作面后透水，导致事故发生。

五、断层水透水预兆

断层破碎带中的地下水一般是流动的，补给较充分，故称“活水”。所以，断层水很少出现“挂红”现象，水无涩味而发甜；在岩巷中遇到或接近断层水时，有时在岩缝中可见到淤泥，水较浑浊、多呈黄色。另外，当采掘工作面接近含水的断层破碎带时，会出现来压、淋水增大等现象。

第二节　涌水量预测及实际突水量估算

一、涌水量预测

煤矿涌水量很难精确预测。做好矿井充水条件分析、查明主要充水岩层的水文地质参数，建立准确的水文地质模型并运用合适的计算方法，可以提高矿井涌水量的预测精度。

二、实际突水量估算

现场实际突水量的估算通常采用浮标法、水泵标定法、容积法、堰测法、流速仪法等。

（一）浮标法

矿井突水初期，水量一般较小，可在巷道的水沟内测定其水量。

测定方法：选用一段长5 m左右的规整水沟，清除沟内杂物，选择上、下两个断面，测量两过水断面之间的距离(L)，并分别测出其过水断面面积，取其平均值(F)，将浮标从水沟上游断面投入水中，记下起始时间，当浮标到达下游断面时，再记下到达时间，其时间差即为浮标流经距离(L)所需的时间(t)，代入浮标法突出量计算公式[式(6-1)]即可算出突水量：

$$Q=\frac{KFL}{t} \tag{6-1}$$

式中　Q——突水量，m^3/min；

K——断面系数(取值见表 6-1)，与水深和水沟粗糙程度有关；

F——两过水断面面积的平均值，m^2；

L——两过水断面之间的距离，m；

t——浮标流经 L 距离所需的时间，min。

表 6-1　断面系数取值表

水深/m	粗糙	平滑
0.3～1.0	0.45～0.65	0.55～0.75
>1.0	0.75～0.85	0.89～0.90

(二) 水泵标定法

矿井发生突水后，应增开水泵或增加水泵的运转时间，利用水泵标定法突出量计算公式[式(6-2)]即可计算突水量：

$$Q=KNW+\frac{SH}{t} \tag{6-2}$$

式中　Q——突水量，m^3/min；

K——断面系数；

N——增开的水泵台数，台；

W——水泵的铭牌排水量，m^3/min；

S——水仓的水平断面积，m^2；

H——t 时间内水位的上升高度，m；

t——水位上涨 H 高度所用的时间，min。

（三）容积法

矿井突水时，如水是由下向上充满井下巷道及其他空间，可利用下水平巷道硐室的淹没时间来估算突水量，即根据淹没巷道的体积进行计算，如式(6-3)：

$$Q=\frac{SH}{t}\text{ 或 }Q=\frac{V}{t} \tag{6-3}$$

式中 Q——突水量，m^3/min；

S——下水平不同点水平断面积，m^2；

H——t 时间内水位的上升高度，m；

V——下水平巷道的淹没体积，m^3；

t——淹没时间，min。

（四）堰测法

堰测法是指在井下排水沟中设置测水堰板，使水流通过一定形状的堰口水流高度，并计算涌水量。

（五）流速仪法

流速仪法是指使用流速仪测定水流速度，实测水流断面，并计算涌水量。测流速时，断面的位置应该选择在水沟平直、底部平坦、水流平稳的地段。流速仪如图 6-1 所示。

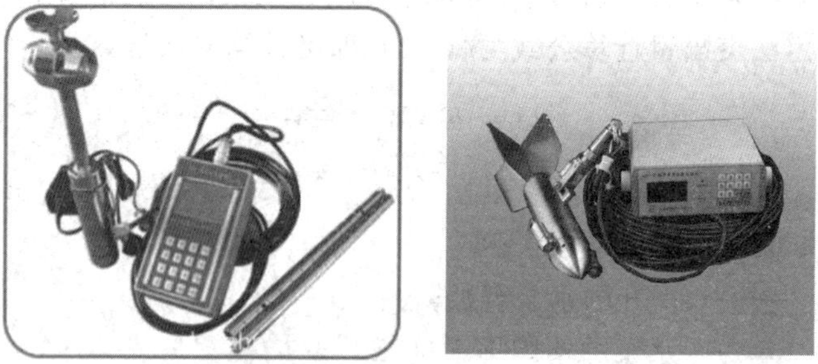

图 6-1 流速仪

第七章　矿井主要水害的特征及防治技术

第一节　大气降水、地表水水害特征及防治

矿井水的主要来源是大气降水和地表水的渗透补给，即使是含水层向矿井充水，其最终补给也源自大气降水或地表水。未能接受大气降水和地表水补给的含水层，一般易疏干。

一、大气降水水害特征

大气降水对矿井的影响情况受地域、季节、开采深度影响较大。其特征如下。

(1) 大气降水一般通过采空区塌陷、地表裂隙、溶洞、小窑、井筒等进入矿井。

(2) 季节化明显。以大气降水为主要充水水源的矿井，雨季和融雪季节涌水量增大，暴雨后常常出现峰值流量。

(3) 以大气降水为主要充水水源的矿井，浅部开采涌水量一般大于深部开采涌水量，且随着走向开拓长度、开采面积的增加而增大。但当深部开采到一定规模，其顶板垮落裂隙带的高度不再能达到地表时，大气降水的直接影响基本消失。

(4) 区域分布。以大气降水为主要充水水源的矿床，在降水量小的地区，如西北地区，其矿井涌水量较小；而在降水丰沛的南方，其矿井涌水量普遍较大一些。

(5) 除了降水量之外，降水的性质也和矿井充水量关系比较密切。南方的降水以降雨为主，在暴雨之后易形成矿井的极大涌水量。在北方，除了降雨之外，还有降雪，一般矿井涌水量年变化

曲线可能有两个峰值段，但峰值多较平缓，涌水量也较小。

(6) 大气降水水害一般发生在暴雨天气，水势凶猛，危害极大，很容易造成淹井和人员伤亡事故。

【案例】

2007 年 8 月 17 日，山东省某煤矿发生洪水淹井事故，当班 756 人，死亡 172 人；与其相邻另一煤矿也被洪水淹没，致使 9 名矿工遇难。两矿共死亡 181 人。

事故原因：由于强暴雨导致山洪暴发，流经矿区的柴汶河水位暴涨漫过河岸，漫溢的洪水冲蚀河岸，掏空基础，最终冲开约 65 m 的决口，冲入落差约 5 m 的岸外低洼处。在洪水强烈冲刷作用下，形成 3 个集中溃水点溃入井下，溃入井下的水量约为 1 260 万 m^3，砂石和粉煤灰约为 30 万 m^3。

事故主要教训：

(1) 预防自然灾害的机制不健全。

(2) 暴雨期间井下停产撤人不及时。发现井下透水后，没有及时做出人员一次性撤离升井的决定，而是分 3 次下达撤人命令，延误了部分人员的最佳撤离时机。

(3) 事故灾难发生后，没有在规定时间内按程序立即上报，贻误了当地政府在第一时间组织抢救的时机。

(4) 开采防隔水煤柱、超层越界开采，造成相邻煤矿也被淹没。

《煤矿重大生产安全事故隐患判定标准》第九条规定，受地表水倒灌威胁的矿井在强降雨天气或其来水上游发生洪水期间未实施停产撤人的，属于“有严重水患，未采取有效措施”重大事故隐患。

二、地表水水害特征及防治

地表水是指地球表面上的江、河、湖、湾、水库、池塘等水体。

（一）地表水充水途径

（1）通过井口直接灌入井下。

（2）通过地表水体下松散岩层、基岩含水层露头渗入井巷。

（3）通过采后顶板冒裂带贯通地表塌陷带裂缝渗入。

（4）通过构造破碎带、老空区直接溃入。

位于矿井附近或直接分布在矿井以上的地表水，如不采取有效措施，则可能通过以上途径进入矿井，造成矿井突水。

【案例】

2021 年 7 月 15 日，陕西省某矿业有限公司发生一起水害事故，造成 5 人死亡，直接经济损失 1 382.8 万元。

事故直接原因：该矿 30108 综采工作面切眼布置于十八墩河支沟河床下方，受采动影响，顶板防塌、防沙、防水煤（岩）柱失效，造成采空区顶板局部抽冒，上覆含水层及地表水裹挟泥沙溃入工作面，导致事故发生。

【案例】

2021 年 8 月 14 日，青海省某煤矿综放工作面发生冒顶溃沙事故，造成 20 人死亡。

事故原因：综采放顶煤工艺中，煤层上覆基岩产生抽冒塌陷，导致地表积水携泥沙溃至采煤工作面，造成事故。

（二）地表水对矿井充水强度的影响因素

（1）开采煤层的相对位置、距离。若开采后，围岩的破坏范围或顶板冒落裂隙带高度无法波及地表水体，一般不会造成矿井充水。

（2）煤层间是否有隔水层。在开采过程中，只要存在的隔水层不被破坏，一般不会造成矿井充水。

（3）矿区内的含水层。主要考虑其是否作为其他含水层补给水源，它与含水层的水力联系程度以及含水层的渗透性。

（4）地表水体自身特点，包括水量、水位、水质、泥沙含量，以及是季节性的存在还是常年存在等。

（三）地表水水害预防

（1）煤矿企业应依据《煤矿重大生产安全事故隐患判定标准》及《煤矿防治水细则》的具体要求做好隐蔽致灾因素勘探，查清矿区及其附近地面河流情况和当地的历史最高水位。

（2）制定并落实隐蔽致灾因素治理措施，确保河道、排水沟渠畅通。

（3）新建矿井时应合理确定井口和工业场地的位置、标高。

（4）构建、强化并落实灾害性天气预警和预防机制。

（5）每年雨季前制定“三防”（防洪、防排水、防雷电）措施以加强雨季“三防”工作。

（6）制定并落实地表水体巡查和强降雨天气的停产撤人制度。

【案例】

2022年8月11日20时左右，吕梁市某煤矿发生积水灌井。灌井出现后，该矿立即启动应急响应，组织人员撤离。因撤人及时，当班井下作业人员193人中192人安全升井、1人死亡。

第二节　孔隙水、裂隙水、岩溶水水害特征及防治

一、孔隙水水害特征

孔隙含水层是指地下水储存和运移于组成含水层的固体颗粒之间的孔隙之中的含水层。孔隙含水层的富水性一般比裂隙含水层和岩溶含水层要均一。

孔隙含水层的透水性主要取决于岩性、颗粒大小及分选程度、磨圆程度、含黏土成分的多少，特别是土成分的多少对含水层的渗透性影响很大。孔隙含水层一般埋藏较浅，易得到大气降水和地表水的补给。它与地表水体的联系和大气降水的渗入强度往往是

决定矿床充水量大小和变化过程的重要因素。

二、裂隙水水害特征

裂隙水是赋存和运动于基岩裂隙中的地下水。它是丘陵、山区供水的重要水源，也是矿坑充水的重要来源。当裂隙沿岩层层间或层内顺层方向拉开就形成离层裂隙，离层空间充水，也被称为离层水。

《煤矿安全规程》第三百零三条规定，在火成岩、砂岩、灰岩等厚层坚硬岩层下开采受离层水威胁的采煤工作面，应当分析探查离层发育的层位和导含水情况，超前采取防治措施。

裂隙水水害有以下特点。

(1) 与孔隙水相比，裂隙水空间分布不均匀，局部发育，呈脉状分布，可导致同一岩层中相距很近的钻孔水量悬殊。

(2) 渗透的各向异性。一般地，第三方向不发育，空间展布具有方向性，不同方向发育有差异。

(3) 水力联系不统一。裂隙连通性较差，很难形成统一的含水层。当不同方向相连通时，可形成裂隙含水系统。

【案例】

2016 年 4 月 25 日 8 时 5 分，陕西省某矿 202 综采放顶煤工作面发生顶板突水溃沙事故，淹没工作面及部分运输和回风巷道，造成 11 人遇难。

事故原因：洛河组下段含水层水进入工作面顶板宜君组与直罗组之间的离层空腔，形成离层水。由于采动强烈扰动，顶板沿工作面煤壁发生切冒，形成集中通道，在水压、矿压、泥石体重力的共同作用下，离层水泥浆沿切冒形成集中通道溃入工作面，造成突水溃沙事故。

三、岩溶水水害特征及防治

岩溶水又称喀斯特水，是指赋存于可溶性岩层的溶蚀裂隙和洞穴中的地下水。地表的典型岩溶地貌有石林、孤峰、落水洞、波立谷等,地下则形成溶孔、溶洞、暗河等。

(一)岩溶水水害特点

(1)岩溶比较发育的地段,富水性较强,水质优良,但分布极不均匀,易产生突发性涌水,可造成淹井事故。

(2)岩溶含水层以顶底板突水、溃水、集中出水等形式向矿井充水,无论在时间上和空间上的分布都是不均一的,而且充水强度也千差万别。

(3)在岩溶充水矿井中,多数突水都是遇断层或在断层附近发生的,特别是小断层在突水中有极为重要的地位。

(二)岩溶水渗入补给方式

(1)灌式补给:在低洼处汇集一定量的降水,通过漏斗或落水洞灌入地下,有时整条河流通过这类洞穴潜入地下。

(2)渗入式补给:通过地面上微小的裂隙,较缓慢地渗入地下,汇入岩溶通道和地下河系之中。

【案例】

2005年10月4日,四川某建设矿井发生溶洞突水事故,死亡28人。该矿采用平硐开拓,发生事故的工作面已进入长兴组交岩13.3 m。

事故直接原因:当班作业人员未照规定施工探水钻孔,违章掘进施工,在有透水征兆的情况下,仍然爆破,诱发岩溶透水。

(三)岩溶水水害的防治方法

1. 注浆改造薄层灰岩技术

对直接冲水含水层进行注浆充填,可以改变含水层的富水性及径流补给条件;堵截奥陶纪灰岩通往薄层灰岩的导水通道;封堵煤层底板隔水层的导水构造裂隙,消除导高。

2. 帷幕截留

在已查明补给通道的具体位置、发展方向、大致的补给水量等水文地质条件的前提下,对补给水源在含水层内建造阻水帷幕带,堵截水源补给。

3.“双降”采煤

通过集中疏水降压及人工强制放顶，在降低水头压力的同时，减小采动矿压对隔水层底板的破坏作用，可实现安全开采。这种方法适用于含水层富水性相对较弱、疏水量不大但疏水降压效果明显的区域。

四、孔隙水、裂隙水、岩溶水一般防治措施

(1) 做好地质勘探，查明隐蔽致灾因素，做好矿井充水性分析。

(2) 改变采煤方法，降低采掘强度，减少裂隙发育。

(3) 实施顶板预裂，降低裂隙高度，避免裂隙水形成。

(4) 实施精准注浆，填充垂向通道，堵塞离层空腔。

(5) 超前钻探，提前疏放。

(6) 规范防水煤(岩)柱留设。

第三节　老空水水害特征及防治

过去的一些煤矿，在开采完以后会遗留下一部分采空区，这部分采空区被后期的地下水或地表水充满，就形成老空水，又称为老窑水。老空水经常是矿井水灾事故的主要原因。

一、老空水水害特征

(1) 老空水水源主要是降水通过露头带采后地表塌陷裂缝渗入，其积水量决定于采空区大小，一般为静储量。

(2) 一旦突水，来势凶猛，瞬时涌水量大，破坏性强，现场人员逃生困难。

(3) 缺少补给的老空水往往涌水持续时间短，易疏干。若与地表水连通或因暴雨获得大量补给，则可能造成淹井事故。

(4) 在采区接近老空区时，老空水往往以淋水、渗水、滴水等现象出现。

(5) 老空水一般位于矿区浅部，数量多且位置不清，积水空间位置和范围不易确定，积水量和积水标高会随外部环境的变化而改变。

(6) 老空水常年处于封闭、缺氧的环境，水质呈酸性，一般不能饮用，对井下轨道、金属支架、钢丝绳等矿山金属设备有腐蚀作用。

(7) 老空水往往含有硫化氢、甲烷等气体，溃水时这些有害气体会同时涌出，对人体伤害极大。

【案例】

2022 年 9 月 2 日 15 时 48 分左右，唐山市某铁矿在基建过程中发生透水事故，造成 14 人死亡、1 人失踪，直接经济损失约 3 508 万元。

事故直接原因：未按设计施工，未进行超前探放水作业，巷道掘进施工、爆破等相关单位未按标准规程操作，掘进工作面与不明老巷道相遇，老巷道与上部积水的采空区连通，老空水突破工作面与老巷道间薄弱岩体，导致透水事故发生。

【案例】

2022 年 7 月 25 日，陕西省某矿井发生一起较大水害事故，造成 3 人死亡，直接经济损失 921.5 万元。

事故直接原因：该矿 11503 运输平巷掘进至 1 243.6 m 时，与相邻的煤矿老空区打通，老空水突入掘进工作面，导致事故发生。

二、老空水防治措施

(1) 做好矿井周围采空区、老空区的探查、普查工作。

(2) 及时与周边矿井沟通，确定双方采空区位置并标注清楚。

(3) 严格依照《煤矿防治水细则》的要求合理确定警戒线、探水线、积水线。

(4) 注意观察老空水透水预兆，做好气体监测。

(5) 严格执行探放水操作,对于含水较少或缺乏补给的老空水可以采取疏放水措施,但应保证不放净不生产。

(6) 规范防水煤(岩)柱留设。

第四节　断层水、陷落柱水、钻孔水水害特征及防治

一、断层水水害特征及防治

断层是煤田勘探和煤矿开采中经常遇到的地质构造,它不仅对煤层的赋存和开采影响甚大,而且是矿床充水极其重要的因素。

断层在矿井充水中的作用取决于断层的性质、规模、时间、伴生裂隙、切割岩层富水性和两盘对接情况等。

(一) 断层充水作用

(1) 断层破坏原始岩层的完整性,形成天然导水通道。

(2) 断层改变矿床的直接充水含水层的补给条件。

(3) 断层使煤层与含水层对接或接近,增大含水层向矿井充水的可能性。

(二) 断层突水水害特点

(1) 大断层易于查清,且多留有煤柱,而小断层不易查清,也难以考虑留煤柱问题。小断层多出现在采区内,在采煤工作的扰动下,当隔水层厚度较小时,易被破坏形成导水通道,诱发透水。目前,小断层突水较为普遍。

(2) 在以底板进水为主的岩溶充水矿区,小断层常常是突水的最重要通道。

(3) 底(顶)板岩溶水通过断层进入矿井造成的突水常常滞后于实际生产活动,即在井巷工程揭露断层的当时并不发生突水,而是在井巷穿过该断层一定时间后才可能突水,滞后时间不定,需作业人员经常观察。

(4) 断层突水往往发生于一些小断层发育比较集中的地段,

是这些小断层共同作用的结果。其中,部分小断层可能在井下并没有揭露,但也在突水中发挥了作用。

据统计,矿井突水点绝大部分位于断裂带及其附近。因此,当采掘工作面将要揭露或接近含水层的断裂构造时,必须进行探放水,防止发生突水事故。

【案例】

2016 年 7 月 3 日,贵州某煤矿 M30 号煤层 1301 回风巷掘进工作面发生一起透水事故,造成 3 人死亡,直接经济损失 465 万元。

事故直接原因:1301 回风巷上方存在水体,未按规定认真落实探放水措施,揭露了与水体连通的导水断层,导致事故发生。

(三) 断层水的处理方法

根据断层水地质性质和通过断层导水水源的不同,断层突水造成的危害程度也不一样,相应的防治措施也就不同。

1. 断层带不含(导)水的处理方法

(1) 水源为孔隙、裂隙含水层水时,一般没有突水危险,掘进巷道可以直接通过,回采时可以不留防水煤柱,但需加强支护、防止塌落冒顶。

(2) 若水源是冲积层、薄层岩溶含水层及其他水体时,掘进巷道通过时必须先打孔疏放其储存量,证实水压、水量不大时,再过断层带,并加强支护。回采时一般可以不留煤柱。

2. 断层带弱含(导)水且有可能突水的处理方法

(1) 水源为孔隙、裂隙含水层时,一般情况下,掘进巷道可以通过,需加强支护、防止冒落。如水压、水量较大时,应先打孔疏水降压,然后过断层,并加强支护。回采时可以不留防水煤柱,但应留防冒煤柱。

(2) 若水源是冲积层、薄层岩溶含水层及其他水体,巷道掘进时要超前探水,把水压降至安全值以下,再接近或穿过断层带。回采时，如隔水岩柱不足，应留设防水煤柱。

(3) 若水源为厚层强岩溶水或大型地表水体时，巷道掘进必须超前探水。无水时，要做压水检查，有水时应封孔绕行或预注浆通过。回采时，须留设断层防水煤柱，水压大于安全值时应疏水降压。

3. 断层带富含水或导水性强且突水可能性大的处理方法

(1) 水源为孔隙、裂隙含水层，巷道掘进必须穿过断层时，应超前探水、放水，把水压降至安全值以下，并加强巷道支护，保护围岩的稳定性。回采前，应疏水降压至安全值以下，并留设防塌煤柱，以防止沿断层产生冒顶。

(2) 水源是冲积层、薄层岩层含水层时，巷道掘进时要超前探水。钻孔无水时，用手镐掘进或放小炮通过，但需进行特殊支护，防止滞后突水。水压、水量较大时，应预注浆通过断层或留防水煤柱。回采时，应按规定留设防水煤柱。

(3) 水源为厚层强含水层或大型地表水体时，巷道掘进应超前探水，并留设断层防水煤柱，不得接近或通过，应打探查构造和含水层勘探孔，待查明条件后绕行或预注浆过断层带。回采时，应探明断层位置，留足防水煤柱，必要时暂缓开采。

二、陷落柱水水害特征

岩溶陷落柱是由于底部石灰岩中岩溶充分发育，引起顶部上覆岩层向下塌陷形成的锥状或柱状堆积体，多出现于北方石炭二叠系煤田中，俗称无煤柱。

(一) 岩溶陷落柱水水害特点

(1) 绝大多数都是弱含水型。

(2) 边缘充水型对奥陶纪灰岩导通性不好，一般以淋水、滴水为主。

(3) 强充水型陷落柱柱内水力联系好，一旦揭露水量大且稳定。

【案例】

2010 年 3 月 1 日，内蒙古一煤矿发生特别重大透水事故，造成 32 人死亡、7 人受伤，直接经济损失 4 800 万元。

事故直接原因：该煤矿 16 号煤层回风大巷掘进工作面遇煤层下方隐伏陷落柱，在承压水和采动应力作用下，诱发该掘进工作面底板底鼓，承压水突破有限隔水带形成集中过水通道，导致奥陶纪灰岩水从煤层底板涌出，造成事故。

（二）陷落柱水防治措施

（1）对导水性好、涌水量大的陷落柱，除按规定留设防水煤柱外，还应立即对陷落柱进行注浆，切断强含水层的水源通道。

（2）对区域地下水位以上的陷落柱，充填比较结实，未与地表其他水体发生水力联系者，经矿总工程师批准，可少留或不留防水煤柱。

（3）对陷落柱有水，但含（导）水性不强、深部充填胶结良好、与强含水层水力联系不密切者，在利用探查孔（必要时应增加注浆孔）适当注浆加固后，可不采取特殊防范措施。但回采时，须按规定留设防水煤柱，掘进时应在安全边界以外绕行；岩巷必须穿过陷落柱时，应预先全断面注浆。巷道支护的要求与通过导水断层时相同。

三、钻孔水水害特征

在煤田勘探中，有很多钻孔要穿过多个含水层。当可采煤层之下有直接充水含水层时，必须有足够的底板延深钻孔才能揭露。

按照要求，煤田勘探中的各类钻孔在竣工后都要进行封孔。封孔的目的是减少矿井的充水强度，封孔的结果应该维持矿区原有的天然流场状态。未封闭或封闭不良的钻孔会成为沟通矿区各含水层水力联系的通道，成为矿井充水的通道。

（一）未封闭钻孔或封闭不良的钻孔对生产的影响

（1）增加各含水层的水力联系，改变直接充水含水层的补给条件，增大补给量。

(2) 含水层水可通过钻孔直接向矿井充水。

(3) 封闭不良的钻孔还可能沟通老空水。

(二) 防止出现导水钻孔的基本措施

(1) 各类勘探孔达到勘探目的后，应立即全面封闭钻孔，范围包括第四系潜水层以下的各个含水层。

(2) 为了防止水、砂分离或黏土稀释流失，封孔不能用水泥砂浆或黏土，而要用高标号纯水泥。

(3) 严重漏水段，应先下木塞止水，然后注浆，防止水泥浆在初凝前漏失。

(4) 要先提出封孔设计，进行分段封孔并分段提取固结的水泥浆样品；实际检查封孔的深度和质量，由下而上，边检查边封闭，做好记录；最后提出封孔报告书。

导水钻孔的封堵方法有导水孔地面重封法、压缩木柱堵孔法、铅柱封孔法和套管隔离封堵法。

【案例】

1999 年 6 月 18 日，河南一煤矿在井下 21 下山开拓时，发生突水，最大突水量达 600 m^3/h，导致采区被淹。出水后，该矿做了大量的探查封堵工作，甚至将附近正在使用的水井进行注浆封填，均未起到任何效果。后经认真分析，该突水处附近有一个未封孔的水文勘查孔，地面未留任何标志，也未标绘在采掘工程平面图上，是导致本次突水的主要原因。

四、断层水、陷落柱水、钻孔水水害防治原则

(1) 做好地质勘探，查明隐蔽致灾因素，做好矿井充水性分析。

(2) 做好超前勘探、补充勘探，及时发现断层、陷落柱。

(3) 经常检查废弃钻孔，确保封孔质量达标。

(4) 规范防水煤岩柱留设。

(5) 实施精准注浆,填充断层裂隙。

(6) 超前钻探,提前疏放。

第五节　矿井主要水害防治技术

一、防水煤(岩)柱的留设

煤矿在水体下、含水层下、承压含水层上、导水断层附近或老空区附近进行采掘施工时,为了防止地表水或地下水突出、溃入工作地点,需要合理留设一定宽度或高度的防水煤(岩)柱。防水煤(岩)柱留设的尺寸要根据矿井自身地质情况、水文地质条件、岩层的力学性质、开采方法及岩层移动规律等因素经计算确定,保证防水煤(岩)柱的可靠性。

(一) 防水煤(岩)柱的类型

根据所处的位置不同,防水煤(岩)柱可以分为以下类型。

(1) 断层防水煤(岩)柱。

(2) 井田边界煤柱。

(3) 上、下水平(或相邻采区)防水煤(岩)柱。

(4) 水淹区、老空积水区防水煤(岩)柱。

(5) 地表水体防水煤(岩)柱。

(6) 冲积层防水煤(岩)柱。

(7) 陷落柱、观测孔、注浆孔和电缆孔防水煤(岩)柱。

(8) 煤层露头风化带防水煤(岩)柱。

(二) 防水煤(岩)柱留设

应在以下位置留设防隔水煤(岩)柱。

(1) 煤层露头风化带。

(2) 在地表水体、含水冲积层下或者水淹区域邻近地带。

(3) 与富水性强的含水层间存在水力联系的断层、裂隙带或者强导水断层接触的煤层。

(4) 有大量积水的老空区。

(5) 导水、充水的陷落柱、岩溶洞穴或者地下暗河。

(6) 分区隔离开采边界。

(7) 受保护的观测孔、注浆孔和电缆孔等。

3. 防水煤(岩)柱留设原则

(1)《煤矿防治水细则》第九十三条规定，矿井应当根据地质构造、水文地质条件、煤层赋存条件、围岩物理力学性质、开采方法及岩层移动规律等因素确定相应的防隔水煤(岩)柱的尺寸。防隔水煤(岩)柱的尺寸要求见附录六(本书略)，但不得小于 20 m。防隔水煤(岩)柱应当由矿井地测部门组织编制专门设计，经煤炭企业总工程师组织有关单位审批后实施。

(2) 矿井防隔水煤(岩)柱一经确定，不得随意变动。严禁在各类防隔水煤(岩)柱中进行采掘活动。

(3) 有突水淹井历史的矿井，或者带压开采并有突水淹井威胁的矿井，应当分水平或者分采区实行隔离开采，留设防隔水煤(岩)柱。

(4) 多煤层开采矿井，各煤层的防隔水煤(岩)柱必须统一考虑确定，以免某一煤层所留煤(岩)柱因另一煤层开采而遭破坏，使矿井在此区域留设的整个防隔水煤(岩)柱失效。

(5) 留设防隔水煤(岩)柱所需数据必须就地选取，邻区或外区数据仅供参考，若必须采用时应适当加大安全系数。

二、疏水降压开采技术

疏水降压是指借用疏水工程(疏水石门、放水巷道、放水钻孔、抽水钻孔等)，有计划、有步骤地将煤层上覆或下伏强含水层中的地下水进行疏放，使其水位(压)值降至安全采煤时某个水位(压)值以下的过程。疏水降压的目的是：预防地下水突(溃)入矿井，避免水害事故，改善劳动条件，提高劳动生产率。它是煤矿防治水的一种重要措施。

（一）疏水降压的方法

1. 疏干

疏干是指把含水层中的水位降到生产工作面标高以下的方法。

2. 降压

对水量大的含水层可以采用少量放水、适当降低水位的办法，使水位保持在工作面以下一定的高度。这样做既能保证工作面正常回采，又不使含水层水突破煤层底板。

打钻放水是降压采煤常用的方法，可以在一个地点集中打钻放水，也可以分散在多水平、多条巷道大范围打钻放水。除放水孔以外，还要有一定数量的观测孔，以便了解和控制水压。

降压采煤有时也可能发生突水，所以，采用降压方法采煤的工作面除了保证有足够的排水能力外，采煤时也要注意及时放顶，减少控顶距，防止突然出水。应注意放水孔打开之后不要随意关闭。

工作面上下出口一定要保持通畅。当工作面发现有出水征兆时，应停止推进，及时汇报，采取措施加以处理。

（二）疏水降压的方式

按疏水降压工程所处位置的不同，疏水降压可分为以下 3 种方式。

1. 地表疏水降压

该方法主要用于超前疏水降压阶段，是指在需要疏水降压地段的地表施工大口径钻孔，安装深井泵或潜水泵排水，预先降低含水层水位的方法。

2. 地下疏水降压

该方法用于平行疏水降压阶段，通常采用巷道疏水降压和井下钻孔疏水降压方式。巷道疏水降压主要是将采区巷道或采煤工作面的准备巷道提前开拓掘进出来，利用采掘巷道或专门疏水巷道对含水层水进行预先疏水降压。钻孔疏水降压主要是通过向含水层打疏水钻孔进行疏水降压的方式。

3. 联合疏水降压

采用地表疏水降压和地下疏水降压相结合的方式称为联合疏水降压。它也包括一个矿井疏水降压达不到目的时，几个矿井同时疏水降压。

（三）疏水降压的要求

对于不同水体采取疏水降压时，应严格按照《煤矿防治水细则》的要求编制安全技术措施。

疏水降压施工时应做好以下工作。

(1) 疏水钻孔布置应与构造分析以及富水带的分析结合起来，尽量布置在富水地段、不受开采影响破坏的地点，尽量打斜孔，使钻进含水层段的段距加长。

(2) 水压较高时，要注意安装孔口的长效安全控制装置。

(3) 要有防止水量意外加大的安全措施。

(4) 为尽量减少疏水量，对于明显的增水因素，如封闭不良钻孔、地表渗漏等现象要认真处理。

(5) 已经回采的老采区疏干钻孔或突水点，如果与新采区无关，也应封孔与隔离，以减少无效排水。

三、带压开采技术

带压开采是指煤层底板承受高水压时，利用隔水层的隔水性能，在不进行或很少疏降含水层水头压力的情况下，带着水压进行开采的一种方法。

（一）带压开采的特点

它是承压水体上安全采煤的一项实用技术，具有减少吨煤排水费用和保护水资源的双重功效。带压开采能否成功，取决于以下 3 个因素：

(1) 承压含水层水压的大小及水量的多少；

(2) 隔水层厚度及岩层强度；

(3) 开采地区地质构造及采煤活动对隔水层的破坏情况。

(二) 带压开采的保障措施

带压开采要编制专门的设计和措施,经煤矿企业技术负责人组织审批后方可实施。在带压开采过程中,要加强动态监测,制定现场应急预案,防止误揭断层或破碎带等地质构造。带压开采的主要保障措施如下。

(1) 建立强有力的排水设施。要考虑突水、突大水的可能性,采煤工作面泄水系统畅通,采区和主排水系统可靠且有相当大的富余,建造或预留水闸门(墙)位置,以便在必要时封闭整个采区。

(2) 采煤过程中要做到:① 控制采高,推进均匀,放顶工作要快,控顶距越小越好;② 工作面内不准丢煤柱,也不要残留木垛、点柱等支撑物;③ 注意底板变化,如有异常应停止采煤和放顶;④ 现场所有人员必须熟悉避灾路线。

(3) 对小断层、裂隙带以及隔水层薄弱带进行加固处理,确保不发生突水。

(4) 对大的导水断层要留设防水煤柱。

(5) 含水层水头压力较高(接近临界状态)时,可进行局部小幅度的疏水降压,以确保安全。

四、底板含水层改造与隔水层加固

煤层底板含水层改造与隔水层加固,是利用钻孔注浆技术将底板含水层或隔水层中的岩溶裂隙和导水裂隙填充,既减弱了含水层的富水性、增加了隔水层的强度,也切断了水源补给通道,使受注含水层被改造为不含水层或弱含水层,实现工作面安全开采的防治水技术。

这项技术起始于20世纪80年代中后期,主要针对煤层底板水的防治。目前,在华北区对奥陶纪灰岩水的防治已取得显著成效。

五、修筑防水闸门和水闸墙

防水闸门和水闸墙是井下防水的主要安全设施。凡受水患威胁严重的矿井，在井下巷道布置设计中，都应在适当地点预留防水闸门和水闸墙的位置，使矿井形成分翼、分水平或分采区隔房开采，以确保水害发生时，能够使矿井分区隔离，缩小灾情影响范围，确保矿井安全。

《煤矿安全规程》第三百零八条规定，水文地质条件复杂、极复杂或者有突水淹井危险的矿井，应当在井底车场周围设置防水闸门或者在正常排水系统基础上另外安设由地面直接供电控制，且排水能力不小于最大涌水量的潜水泵。在其他有突水危险的采掘区域，应当在其附近设置防水闸门；不具备设置防水闸门条件的，应当制定防突（透）水措施，报企业主要负责人审批。

防水闸门应当符合下列要求。

（1）防水闸门必须采用定型设计。

（2）防水闸门的施工及其质量，必须符合设计。闸门和闸门硐室不得漏水。

（3）防水闸门硐室前、后两端，应当分别砌筑不小于 5 m 的混凝土护碹，碹后用混凝土填实，不得空帮、空顶。防水闸门硐室和护碹必须采用高标号水泥进行注浆加固，注浆压力应当符合设计。

（4）防水闸门来水一侧 15～25 m 处，应当加设 1 道挡物箅子门。防水闸门与箅子门之间，不得停放车辆或者堆放杂物。来水时先关箅子门，后关防水闸门。如果采用双向防水闸门，应当在两侧各设 1 道箅子门。

（5）通过防水闸门的轨道、电机车架空线、带式输送机等必须灵活易拆；通过防水闸门墙体的各种管路和安设在闸门外侧的闸阀的耐压能力，都必须与防水闸门设计压力相一致；电缆、管道通过防水闸门墙体时，必须用堵头和阀门封堵严密，不得漏水。

(6) 防水闸门必须安设观测水压的装置,并有放水管和放水闸阀。

(7) 防水闸门竣工后,必须按设计要求进行验收;对新掘进巷道内建筑的防水闸门,必须进行注水耐压试验,防水闸门内巷道的长度不得大于 15 m,试验的压力不得低于设计水压,其稳压时间应当在 24 h 以上,试压时应当有专门安全措施。

(8) 防水闸门必须灵活可靠,并每年进行 2 次关闭试验,其中 1 次应当在雨季前进行。关闭闸门所用的工具和零配件必须专人保管,专地点存放,不得挪用丢失。

六、注浆堵水

注浆堵水是将水泥浆或化学浆通过管道压入井下岩层孔隙、裂隙或巷道中,使其扩散、凝固和硬化,从而使岩层具有较高的强度、密实性和不透水性,达到封堵补给水源和导水通道的作用。

注浆封堵突(透、溃)水点具有减轻矿井排水负担、恢复被淹矿井、保护地下水资源、改善井下劳动条件的作用,是煤矿防治水的重要技术方法之一。

目前,注浆堵水已广泛用于矿井井筒注浆、封堵突水点、底板注浆加固、恢复被淹矿井、井巷堵水、过含水层或导水断层、帷幕注浆堵水截流等方面,并已取得良好的效果。

(一) 注浆工艺与方式

注浆设备主要有注浆泵、搅拌机、混合器、输浆管路及相应的闸网、接头、压力表和流量计等。注浆方式主要有充填注浆、裂隙注浆、劈裂注浆 3 种。

(1) 充填注浆。充填注浆是指对钻孔本身或孔内空洞、塌陷等大空洞、大空隙进行注浆,其目的是改善地层渗透性或堵漏,所用注浆材料有水泥浆、水泥-水玻璃浆液、黏土泥浆等。

(2) 裂隙注浆。地层中存在着互相连通的裂隙而形成渗水通道,为了封堵裂隙渗水,可在裂隙中注浆。

(3) 劈裂注浆。劈裂注浆是指采用高压注浆工艺，将水泥或化学浆液等压入软弱地层，以改善地层性质。对于软塑、流塑地层，由于地层透水性差，劈裂注浆可利用其液压在地层中产生劈裂孔隙，改善地层的可注性，从而达到注浆加固的要求。

另外，帷幕截流技术也是一种常用的治水方法。它是沿地下水集中补给通道断面布置注浆钻孔，建造帷幕状人工阻水体截断地下水流的一种治水方法。帷幕截流构筑的基本条件：一是过水断面狭窄；二是具有不透水边界；三是受注层具有良好的可灌注性；四是帷幕截流工程实施后具有明显的经济和社会效益。

实践表明，煤矿井下的防治水施工，由于施工目的地层一般埋深较大，地质情况复杂，使得注浆工艺复杂，浆液选择受限，注浆压力相对地面注浆施工压力要高很多。井下注浆常常是充填注浆、裂隙注浆、劈裂注浆等多种注浆工艺的综合运用，注浆压力多在5～15 MPa甚至更高。

(二) 注浆材料

用于注浆堵水的材料种类繁多，常用的有水泥、黏土、水玻璃、化学材料和石子、沙子等骨料。根据堵水的需要将这些材料按照一定的配比，可配成纯水泥浆、黏土水泥浆、水泥-水玻璃浆、化学浆等各式各样的注浆浆液。对大的过水通道，如溶洞、巷道、大的断层裂隙带，往往需要先注入石子、沙子等骨料形成阻隔水段，然后再注水泥浆、水泥-水玻璃浆或化学浆等进行加固，可以有效减少浆液流失，加快注浆堵水工程进度。

七、合理选择煤矿开拓方式与采煤方法

在矿井设计中，为了减少流入矿井的涌水量，预防煤矿发生透水事故，应该充分考虑矿区具体水文地质条件，合理划分井田，结合煤层埋藏情况，合理选择煤矿开拓方式与采煤方法。

第六节　井下排水系统

不论矿井采用什么样的防治水方式，井下都必然会有水进入生产现场。当井下排水能力小于矿井涌水量时，则会发生水害事故。

一、井下排水系统要求

《煤矿防治水细则》第一百零六条规定，矿井应当配备与矿井涌水量相匹配的水泵、排水管路、配电设备和水仓等，并满足矿井排水的需要。除正在检修的水泵外，应当有工作水泵和备用水泵。工作水泵的能力，应当能在 20 h 内排出矿井 24 h 的正常涌水量（包括充填水及其他用水）。备用水泵的能力，应当不小于工作水泵能力的 70%。检修水泵的能力，应当不小于工作水泵的 25%。工作和备用水泵的总能力，应当能在 20 h 内排出矿井 24 h 的最大涌水量。

水文地质类型复杂、极复杂的矿井，除符合上述规定外，还可以在主泵房内预留一定数量的水泵安装位置，或者增加相应的排水能力。

排水管路应当有工作管路和备用管路。工作管路的能力，应当满足工作水泵在 20 h 内排出矿井 24 h 的正常涌水量。工作和备用管路的总能力，应当满足工作和备用水泵在 20 h 内排出矿井 24 h 的最大涌水量。

配电设备的能力应当与工作、备用和检修水泵的能力相匹配，能保证全部水泵同时运转。

《煤矿防治水细则》第一百零七条规定，矿井主要泵房至少有 2 个出口，一个出口用斜巷通到井筒，并高出泵房底板 7 m 以上；另一个出口通到井底车场，在此出口通路内，应当设置易于关闭的既能防水又能防火的密闭门。泵房和水仓的连接通道，应当设置控制闸门。

《煤矿防治水细则》第一百零九条规定，水泵、水管、闸阀、配电设备和线路，必须经常检查和维护。在每年雨季之前，应当全面检修1次，并对全部工作水泵、备用水泵及潜水泵进行1次联合排水试验，提交联合排水试验报告。

水仓、沉淀池和水沟中的淤泥，应当及时清理；每年雨季前必须清理1次。检修、清理工作应当做好记录，并存档备查。

二、水仓要求及容积计算

水仓的形状与普通运输巷道相同，全矿的涌水最后均汇集于水仓之中，经水泵排至地面。水仓的作用有：储存矿井涌水；减少水流的速度，以便使矿井水中的泥沙得到沉淀，有利于水泵的工作；在涌水量不均匀或排水设备发生故障时，可以起到蓄水作用。

矿井主要水仓应当有主仓和副仓，二者共同构成了井底环形水仓结构。当一个水仓清理时，另一个水仓应能够正常使用。

新建、改扩建矿井或者生产矿井的新水平，正常涌水量在1 000 m^3/h以下时，主要水仓的有效容量应当能容纳所承担排水区域8 h的正常涌水量。正常涌水量大于1 000 m^3/h的矿井，主要水仓有效容量可以按照式(7-1)计算：

$$V=2(Q+3\ 000) \tag{7-1}$$

式中　V——主要水仓的有效容量，m^3；

　　　Q——矿井每小时的正常涌水量，m^3。

采区水仓的有效容量应当能容纳4 h的采区正常涌水量，排水设备应当满足采区排水的需要。

矿井最大涌水量与正常涌水量相差大的矿井，排水能力和水仓容量应当由有资质的设计单位编制专门设计，由矿总工程师组织审批。

水仓进口处应当设置箅子。对水沙充填和其他涌水中带有大量杂质的矿井，还应当设置沉淀池。各水仓的空仓容量应当经常保持在总容量的50%上。

第八章　矿井水害探查方法与施工要求

第一节　矿井水害主要探查方法

探水已经成为水害防治的主要方法之一，不论是地面勘探，还是井下补充勘探，在整个防水过程中都起到决定性和前导性的作用。水探不清，何来防治水。

《煤矿防治水细则》第三十四条规定，井下水文地质补充勘探应当采用井下钻探、物探、化探、监测、测试等综合勘探方法，针对井下特殊作业环境，采取可靠的安全技术措施。

矿井水害主要探查方法有水文地质调查、物探、化探、钻探及水文地质试验和监测测试技术等。

一、水文地质调查与补充调查

（一）水文地质调查要求

水文地质调查的目的是摸清矿井的水文地质条件，调查的内容应当包括资料收集、地貌地质、地表水体、地面岩溶、井泉、老空、周边矿井、本矿井历史资料等。

《煤矿防治水细则》第八条规定，当矿井水文地质条件尚未查清时，应当进行水文地质补充勘探工作。在水害隐患情况未查明或者未消除之前，严禁进行采掘活动。

《煤矿重大生产安全事故隐患判定标准》第九条规定，未查明矿井水文地质条件和井田范围内采空区、废弃老窑积水等情况而组织生产建设的属于"有严重水患，未采取有效措施"重大事故隐患。

（二）水文地质调查的注意事项

(1) 水文地质调查范围应覆盖一个具有相对独立补给、径流排泄条件的地下水系统。

(2) 调查资料务必准确、可靠。

(3) 除使用传统的方法调查外，还可采用遥感、全球卫星定位、地理信息系统等新方法、新技术。

二、物探技术

矿井物探技术是一门根据地下岩层物理性质的差异，借助一定的工作装置和专门的物探仪器测量其物理场的分布状况，通过分析和研究地下岩层物理场的变化规律，结合有关地质资料解决一定的地质问题，为地质工作者提供帮助的一门技术。

煤矿目前常用的物理勘探技术方法有以下 9 种。

（一）地质勘探

地质勘探包括二维地质勘探和三维地质勘探，是弹性波地面探查构造及“不良构造体”的最有效方法。在新采区设计前要用三维地质勘探，主要应用于以下 8 个方面。

(1) 查明潜水面埋藏深度。

(2) 查明落差大于 5 m 的断层。

(3) 查明区内幅度大于 5 m 的褶曲。

(4) 查明区内直径大于 20 m 的陷落柱。

(5) 探明区内煤系地层底部奥陶系灰岩顶界面及岩溶发育程度。

(6) 探测采空区和岩浆侵入体。

(7) 查明基岩起伏形态，古河道、古冲沟延伸方向。

(8) 了解基岩风化带厚度。

（二）瞬变电磁探测技术

瞬变电磁法观测的是二次场，对含水构造、陷落柱导水、采空区积水、裂隙含水等低阻异常灵敏。该技术具有体积效应小、横向分辨率高、施工快捷、效率高等优点，是目前地面、井下探测含水层及其富水性、构造、含水情况，以及老空区及其积水多少的主要手段。井下可用于巷道超前探测，以及工作面顶、底板及其周围水文情况探测。

瞬变电磁法不适合对地质构造，特别是不含水的复杂构造和断层进行探测和地质推断。对瓦斯的探测基本上没有效果。

（三）高密度电阻率法探测技术

该技术使用单极偶极装置，通过连续密集地采集测线的电响应数据，实现地下分辨单元的多次覆盖测量，具有压制静态效应及电磁干扰的能力，对施工现场适应性强。该技术使直流电法在探测小体积孤立异常体方面取得了突破，可准确、直观地展现地下异常体的赋存形态，是地面、井下探测岩溶、老空区及其他地下洞体的首选方法。

（四）直流电法探测技术

该技术属于全空间电法勘探，可在地面及井下使用，主要应用于以下 4 个方面。

（1）巷道底板富水区探测。

（2）底板隔水层厚度、原始导高探测。

（3）掘进头和侧帮超前探测、导水构造探测。

（4）潜在突水点、老空积水区、陷落柱探测。

（五）音频穿透探测技术

该技术主要用于以下 4 个方面。

（1）采煤工作面内及底板下 100 m 内的含水构造及其富水区域平面分布范围、进行富水块段深度的探测。

（2）工作面顶板老空区、陷落柱、松散层孔隙内含水情况及其平面分布范围的探测。

（3）掘进巷道前方导水、含水构造的探测。

（4）注浆效果检查。

（六）瑞利波探测技术

该技术探测的对象是断层、陷落柱、岩浆岩侵入体等构造和地质异常体，以及煤层厚度、相邻巷道、采空区等，探测距离为 80～100 m。该技术的优点是可进行井下全方位超前探测。瑞利波探测仪如图 8-1 所示。

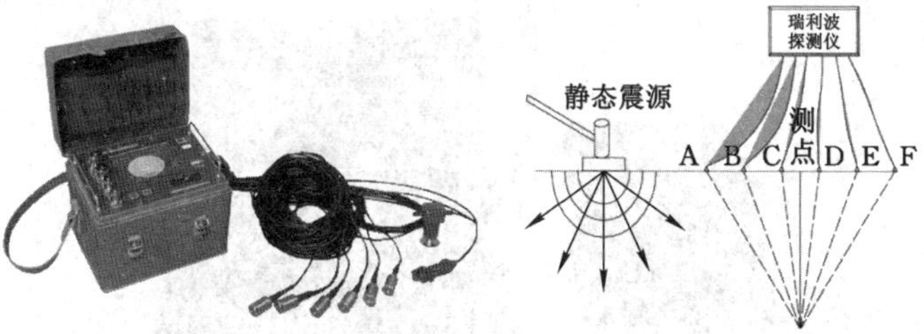

图 8-1　瑞利波探测仪

（七）钻孔雷达探测技术

该技术通过钻孔（单孔或多孔）探查岩体中的导水构造、富水带等。

（八）无线电波透视技术

该技术通过研究煤层、各种岩层及地质构造对电磁波传播的影响（包括吸收、反射、二次辐射等作用）所造成的各种异常，从而进行地质解释。无线电波透视仪如图 8-2 所示。无线电波透视技术的应用范围如下。

（1）地质构造破坏软分层带、瓦斯富集带等来预测瓦斯灾害区。

（2）直径 10 m 以上的陷落柱。

（3）断距大于 1/3 煤厚的断层。

（4）富含水带。

（5）顶板垮塌或富集水的采空区。

（6）煤层厚度及产状变化带。

（7）夹矸厚度变化带。

（8）火成岩侵入体等。

图 8-2　无线电波透视仪

（九）震波勘探技术

震波勘探技术是以不同岩性的岩层具有不同弹性的事实为依据的。在某一点人工激发地震波，在其他若干点上用检波器记录从震源直接传播过来的直达波，或从不同弹性的岩层分界面传播过来的反射波、折射波，通过研究相邻各点的振动图，即相邻各道的地震记录，分析地震记录上震波信息的特点（波的传播时间、速度、波形及振幅等），掌握弹性波地下传播规律，利用相应的地震数据处理方法和解析方法，求得弹性分界面的空间位置及其性质，从而完成地震勘探的主要地质任务。

该技术的应用范围如下。

（1）顶底煤厚探测。

（2）巷道侧帮构造实时剖面探测。

（3）巷道围岩松动探测。

(4) 工作面内断层及隐伏构造探测。

(5) 陷落柱探测。

(6) 掘进工作面超前探测。

(7) 采空区探测。

(8) 底板岩层完整性特征评价。

(9) 巷道揭煤距离探测。

(10) 基岩界面及起伏形态探测。

(11) 锚喷大巷安全性评价。

另外，还有其他一些地球物理勘探方法，如超前机载雷达、建场法多道遥测探测技术等。这些技术可单独使用，也可联合使用，多种方法联合使用可增加探查的准确性。为了确保探查结果的可靠，往往先采用多种物探方法联合探测，再对可疑区进行钻探验证，也就是常说的物探先行、钻探验证。

《煤矿防治水细则》第三十六条规定，采煤工作面物探应当选择两种以上方法，相互验证。

三、化探技术

化探技术主要是通过对矿井已经揭露的井下出水点水的化学组成、化学性质等基本特点及其随时间变化规律的分析研究，采用水质化验、示踪试验等方法，利用不同时间、不同含水层的水质差异，确定突水水源，评价含水层水文地质条件，确定各含水层之间的水力联系的一种水害探测方法。该技术可为预测矿井涌水量的变化趋势、选择合理的水害治理技术方法提供重要依据。

化探技术方法主要包括以下 5 种。

(1) 水化学快速检测技术：用于井下出水点、钻孔水样水质的快速检测。

(2) 透(突)水水源快速识(判)别技术：通过水化学数据库，利用水质判别模型快速判别突水水源。

(3) 连通(示踪)试验：查明含水层内部、含水层之间、地下水与地表水之间相互联系的一种见效快、成本低的试验手段。它对判断矿井充水水源、分析含水层之间的水力联系等具有很重要的意义。该方法通常在放水试验过程中使用。

(4) 环境同位素技术与方法:通过对水中同位素的测试,达到快速识别。

(5) 水化学宏量与微量组分分析技术与方法。

四、钻探技术

最近几十年来,国内外钻探技术飞速发展。利用地面钻机、坑道钻机从探放水、探构造及不良地质体(陷落柱、岩溶塌洞)到水文地质勘查、注浆堵水成孔等,其能力和性能均有极大加强,同时定向钻进技术也逐步走向成熟。目前的地面钻机、井下坑道钻机钻探技术已能很好地满足水文地质探查和探放水工作。

(一) 地面钻探

地面钻探主要用于地质勘查和补充勘探阶段的水文钻探,侧重于区域方面的勘探。有突水危险的煤田,在地质勘探阶段要重点探查水文地质条件,生产补充勘探阶段也应把水害的探查列为重点。

(二) 井下钻探

井下钻探主要用于巷道开拓和工作面回采前的可疑区钻探,侧重于局部探查。巷道开拓和工作面回采前,要对预报的水害可疑区或物探的低阻异常区进行钻探。这些钻孔,既可以打垂直孔,也可以打不同倾角的斜孔,其探水线的圈定、超前距、止水套管的长度等按《煤矿防治水细则》及相关规定的要求确定。

五、水文地质试验及监测测试技术

(一) 水文地质试验

水文地质试验技术的基本方法是以水文地质理论为基础,以水文地质钻探、抽(放)水试验、底板岩石力学试验为主要手段,探查含水层及其富水性、主要含水层水文地质边界条件、各含水层之间的水力联系等，以及获取建立水文地质概念模型的相关资料，并且可同时探查煤层底板隔水层岩性、厚度、结构及阻水能力。在钻探过程中测试承压水原始导升高度，是通过采取岩芯测试岩石物理、力学性质等。

（二）监测测试技术

1. 地下水动态监测系统

地下水动态监测系统可以对井田范围内主要充水含水层的水位、水温、水质等进行长期动态观测，对矿井涌水量进行动态监测。

2. 突水监测预警技术

该技术的主要设备为底板突水监测仪。《煤矿防治水细则》第九条规定，受底板承压水威胁的水文地质类型复杂、极复杂矿井，应当采用微震、微震与电法耦合等科学有效的监测技术，建立突水监测预警系统，探测水体及导水通道，评估注浆等工程治理效果，监测导水通道受采动影响变化情况。

3. 原位地应力测试技术

该技术的主要设备是原位应力测试仪，是一种以套筒致裂原理为基础的地应力测试仪器。它通过监测工作面回采前、回采过程中的地应力变化，应用专门数据处理软件判断是否发生突水。该技术主要用于底板突水监测。

4. 岩体渗透性测试技术

该技术的主要设备是多功能渗透仪。它通过调节岩体的三向应力状态，测试不同应力状态下的水压、水量变化，以反映岩体渗透性随应力的变化规律。

第二节　探放水施工技术

在实际生产中，除因特别需要而采取化探手段以外，物探与钻探相结合的方式仍旧是煤矿防治水的主要手段。

《煤矿防治水细则》第三十八条规定，在地面无法查明水文地质条件时，应当在采掘前采用物探、钻探或者化探等方法查清采掘工作面及其周围的水文地质条件。

采掘工作面遇有下列情况之一的，必须进行探放水。

(1) 接近水淹或者可能积水的井巷、老空或者相邻煤矿时。

(2) 接近含水层、导水断层、溶洞或者导水陷落柱时。

(3) 打开防隔离煤柱放水时。

(4) 接近可能与河流、湖泊、水库、蓄水池、水井等相通的导水通道时。

(5) 接近有出水可能的钻孔时。

(6) 接近水文地质条件不清的区域时。

(7) 接近有积水的灌浆区时。

(8) 接近其他可能突水的地区时。

物探方法因为各设备厂家所生产的设备的不同，其在生产中的使用方法、布置方式也有所不同，本节主要以钻探施工工艺为主讲解探放水工艺。

一、探放水基本规定

(1) 严格执行井下探放水“三专”要求。由专业技术人员编制探放水设计，采用专用钻机进行探放水，由专职探放水队伍施工。严禁使用非专用钻机探放水。

(2) 严格执行井下探放水“两探”要求。采掘工作面超前探放水应当同时采用钻探、物探两种方法，做到相互验证，查清采掘工作面及周边老空水、含水层富水性以及地质构造等情况。有条件的矿井，钻探可采用定向钻机，开展长距离、大规模探放水。

【案例】

2008年7月21日，广西壮族自治区某煤矿发生老空透水事故，死亡36人。

事故主要原因：该矿在4304工作面(靠近废弃小煤矿附近)违

规开掘 3 个切眼，违规用煤电钻探放老空水。

(3) 工作面回采前，应当查清采煤工作面及周边老空水、含水层富水性和断层、陷落柱含(导)水性等情况。

(4) 采掘工作面探水前，应当编制探放水设计和施工安全技术措施，确定探水线和警戒线，并绘制在采掘工程平面图和矿井充水性图上。探放水钻孔的布置和超前距、帮距，应当根据水头值高低、煤(岩)层厚度和强度、安全技术措施等确定，明确测斜钻孔及要求。

二、探放水施工技术

(一) 探水起点的确定

《煤矿防治水细则》第七十八条规定，煤矿应当及时掌握本矿及相邻矿井距离本矿 200 m 范围内的采掘动态，将采掘范围、积水情况、防隔水煤(岩)柱等填绘在矿井充水性图、采掘工程平面图等图件上，并标出积水线、探水线和警戒线的位置。

实际中，应根据水文地质资料，参考积水线、探水线、警戒线划分标准，将调查和勘探(包括物探)获得的小窑、老空区分布资料，经过分析画出三条界线，如图 8-3 所示。

1. 积水线

调查核对积水边界线(即小窑采空区的范围)，其深部界线应根据小窑或老空区的最深下山划定，并填写古井或近期采空区调查表。

2. 探水线

沿积水线外推 60～150 m 的距离画一条线即为探水线(下山掘进时则为顺层的斜距)，此数值大小视积水边界的可靠程度、水压大小、煤的坚硬程度、顶底板岩性及地质构造等因素来确定。当掘进巷道至此线时，应开始探水。

3. 警戒线

由探水线再外推 50～150 m(在上山掘进时指倾斜距离)，即

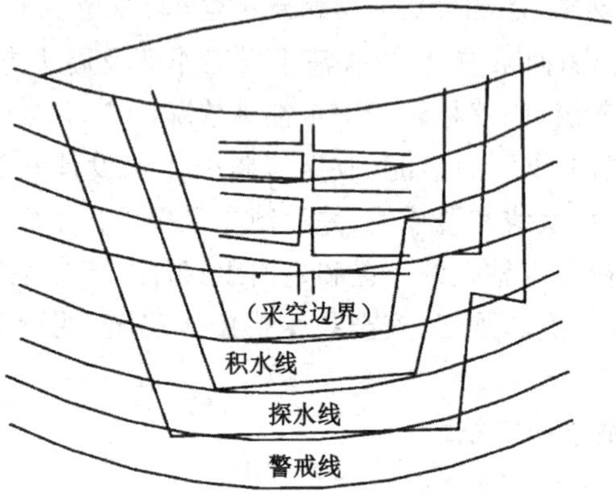

图 8-3　积水线、探水线、警戒线

为警戒线。当巷道进入此线后，应警惕积水的威胁，注意掘进工作面的变化，如发现有透（突）水预兆应提前探水。探水线、警戒线的确定可参考表 8-1 的经验数值并结合各矿的资料确定。

表 8-1　积水线外推探水线、警戒线经验数值表

边界名称	确定方法	煤层软硬程度	资料依靠调查分析判别	有一定图纸资料作为参考	可靠图纸资料作为依据
探水线	由积水线平行外推	松软	100～150 m	80～100 m	30～40 m
		中硬	80～120 m	60～80 m	30～35 m
		坚硬	60～100 m	40～60 m	30 m
警戒线	由探水线平行外推		60～80 m	40～50 m	20～40 m

（二）探放水钻孔确定

1. 探放水主要参数

（1）超前距：探水时从探水线开始向前方打钻孔，在超前探水时，钻孔很少一次就能打到积水目标区，常是探水→掘进→再探水→再掘进，循环进行。探水钻孔终孔位置应始终超前掘进工作面一段距离，该段距离称超前距，如图 8-4 所示。

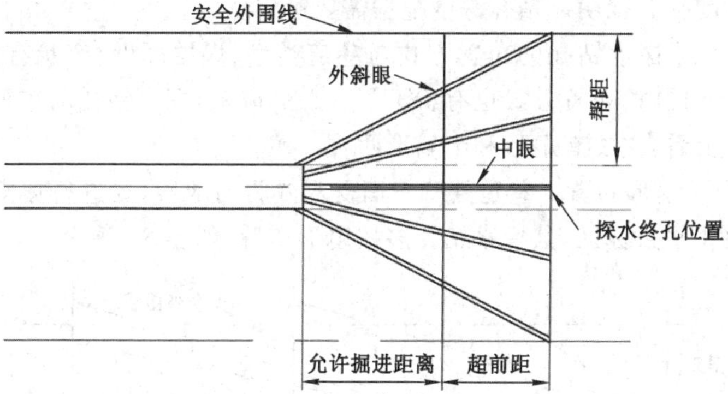

图 8-4　探放水主要参数示意

(2) 允许掘进距离：经探水证实无任何水害威胁，可安全掘进的长度。

(3) 帮距：为使巷道两帮与可能存在的水体之间保持一定的安全距离，呈扇形布置的最外侧探水孔所控制的范围与巷道帮的距离。帮距一般选取 20 m，有时帮距比超前距小 1～2 m。

(4) 钻孔密度(孔间距)：允许掘进距离终点横剖面上探水钻孔之间的距离。

2. 一般探放水钻孔的布置方式

探放水应采用深孔、中深孔和浅孔相结合的方式。

(1) 深孔：每次探放水应打 3 个深孔(中眼和 2 个外斜眼)，为提前探测到积水(深孔放水较安全)，只要不脱离煤层应尽量加深。由于外斜眼深度大，控制的帮距也大，保证了继续探水掘进时的安全。

(2) 中深孔：每次探放水在 3 个深孔之间或外斜眼外侧布置

一些中深孔，孔深能满足超前距、帮距和孔间距的要求即可。

(3) 浅孔：薄煤层探水，由于倾角的变化或打深孔，钻孔先穿过煤层顶、底板岩层，再沿煤层掘进时，应布置浅孔，把沿岩层钻进的范围补充探明。钻孔深度根据需要确定。

(4) 探水钻孔的布置方式与巷道类型、煤层厚度、产状有关。情况不同时，布置方式也有所不同。总的说来，探水钻孔的布置从平面上看，主要有扇形和半扇形两种。

① 扇形布置。巷道处于三面受水威胁的地段，要进行搜索性探放积水目标区，其探水钻孔多按扇形布置，如图 8-5 所示。

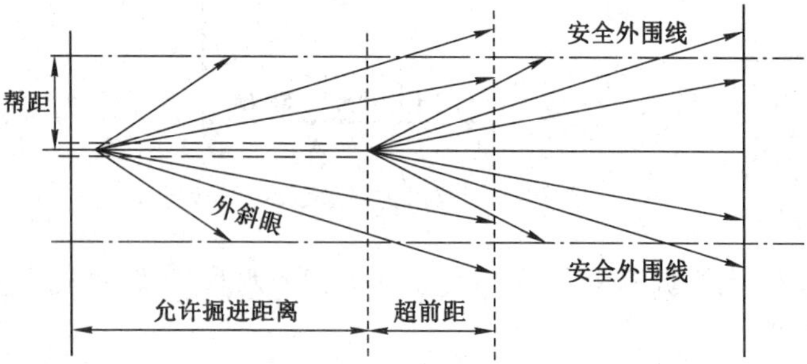

图 8-5　扇形布置探水钻孔

② 半扇形布置。积水区是在巷道一侧的探水地区，其探水钻孔可按半扇形布置，如图 8-6 所示。

3. 探水与掘进配合时的钻孔布置

受水威胁或预测有突水危险的地段，必须与掘进施工管理相配合，才能取得良好的防水效果。

(1) 双巷掘进交叉探水。

当积水区在上方、上山巷道受三面水威胁，一般应双巷掘进交叉探水，其中一条适当超前探水、泄水，另一条随后、用来安全撤人。双巷之间每隔 30～50 m 掘一联络巷，并设挡水半墙，以便在

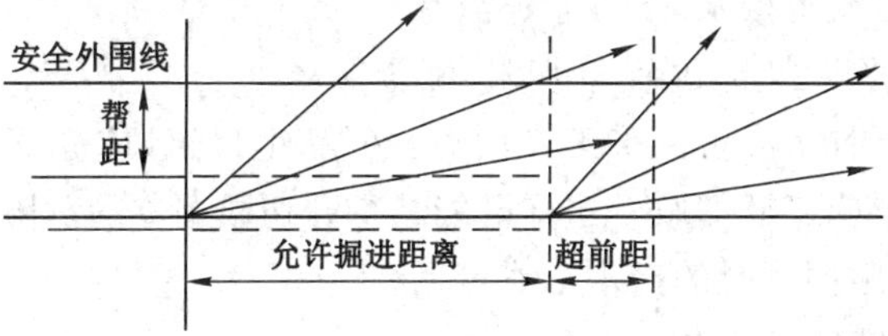

图 8-6　半扇形布置探水钻孔

其中的一条上山出水时，水不会窜到另一条上山中去。如图 8-7 所示。

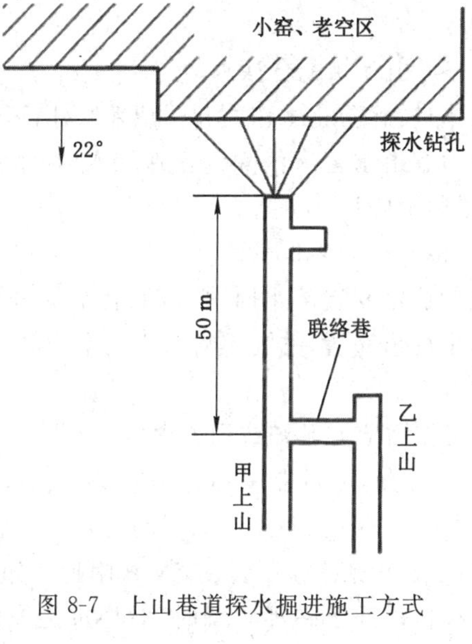

图 8-7　上山巷道探水掘进施工方式

（2）双巷掘进单巷超前探水。

在倾斜煤层平巷掘进时，应采用双巷掘进。一般用上方巷道超前探水，探水钻孔布置成扇形，两巷之间每隔 30～50 m 掘一联络巷，上方巷道探水，下方巷道泄水。

(3) 平巷和上山巷(开切眼)配合探水。

在煤层内，准备回采工作面时，平巷(上风道)应先探水，掘进到位后，再施工开切眼。这样既能减少开切眼掘进的危险性，又能降低开切眼掘进时的探水工作量。

(4) 隔离室探水。

在水量大、水压强、煤层松软和节理发育的情况下，直接探水很不安全，需要采取隔离式探水。如开掘石门时，在石门中预先探放水或在巷道迎头砌隔水墙，在墙外探水。此外，当相邻煤层间距大于 20 m 时，可采用隔层打孔的方法，探放另一煤层的老空水。

(5) 上山与下山互相配合探水。

下山巷道掘进，除防止工作面和两帮来水外，还应特别注意背后来水。当上山巷道水害未消除或正在探水时，下山巷道应停止工作，待水害威胁消除后再掘进。

4. 断层水及岩溶水钻孔布置

探放断裂构造水和岩溶水时，探水钻孔沿掘进方向的正前方及含水体方向呈扇形布置，钻孔不得少于 3 个，其中含水体方向的钻孔不得少于 2 个。

(1) 探查工作面前方已知或预测含(导)水断层。一般先布置巷道掘进前方 1 号孔，尽可能一钻打透断层，然后再打 2 号、3 号孔，以确定断层走向、倾向、倾角和断层的落差及两盘的对接关系。其中至少一个孔打在断层与含水层交面线附近。如图 8-8 所示。

(2) 当隔水岩柱处于临界状态时，对掘进工作面前方的探查沿巷道掘进方向打 3 个孔，尽量打深，争取一次打透断层，否则必须留足超前距，边探边掘直至探明断层的确切情况，再决定具体的防水措施。如图 8-9 所示。

(3) 巷道见断层。在采动影响后有无突水危险性的探查一般

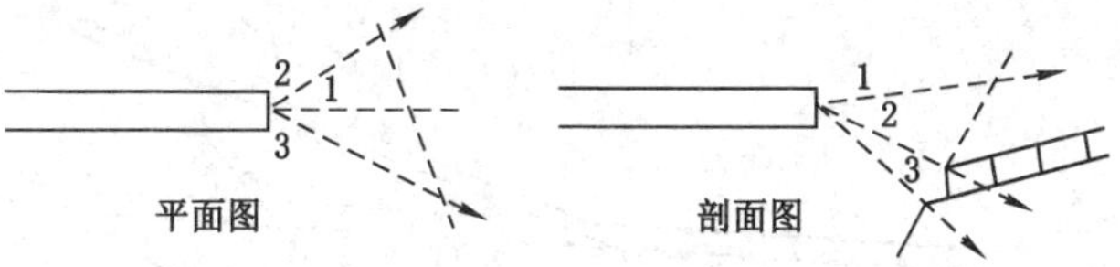

图 8-8　断层水钻孔布置 1

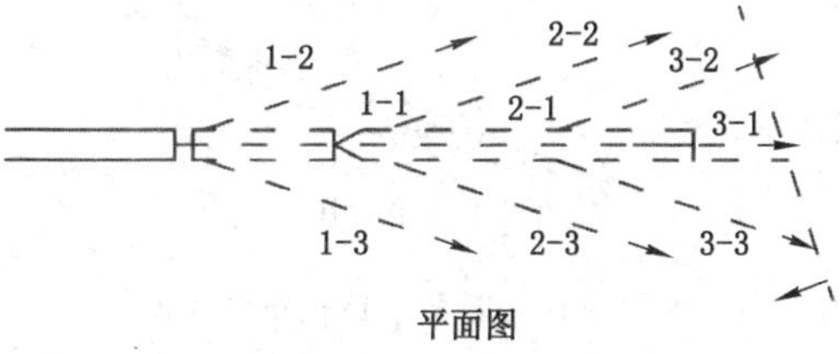

图 8-9　断层水钻孔布置 2

应向下盘预计采动影响带内打 1 号孔，探明断层带的含(导)水和水压、水量等情况。若有水，采后则很可能突水；若无水，则还应向预计采动带以下打 2 号孔，然后根据具体条件，分析突水的可能性和采取相应的防水措施。如图 8-10 所示。

(4) 探查陷落柱等垂向构造时，应当同时采用物探、钻探两种方法，并根据陷落柱的预测规模布孔，但底板方向钻孔不得少于 3 个，有异常时加密布孔，其探放水设计由矿总工程师组织审批。

5. 钻孔布置一般规定

(1) 探放老空水和钻孔水。老空区和钻孔位置清楚时，应当根据具体情况进行专门探放水设计，经矿总工程师组织审批后，方可施工。

(2) 老空区和钻孔位置不清楚时，探水钻孔成组布设，并在巷道前方的水平面和竖直面内呈扇形，钻孔终孔位置满足水平面间距不得大于 3 m，厚煤层内各孔终孔的竖直面间距不得大于 1.5 m。

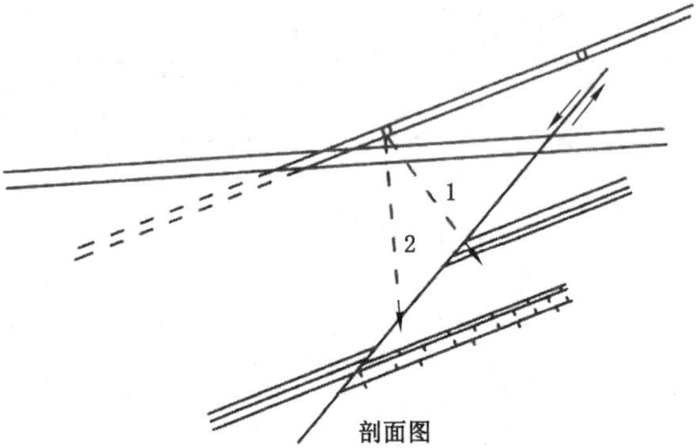

图 8-10　断层水钻孔布置 3

(3) 煤层内,原则上禁止探放水压高于 1 MPa 的充水断层水、含水层水及陷落柱水等。如确实需要的,可以先构筑防水闸墙,并在闸墙外向内探放水。

(4) 探放水钻孔除兼作堵水钻孔外,终孔孔径一般不得大于 94 mm。

(三) 钻机安装技术要求

探放水现场作业直接关系到探放水人员的安全,关系到探放水周围地区甚至整个矿井的安危。因此,应对钻探施工现场的安全环境和安全设施的严格要求。

(1) 加强钻孔附近的巷道支护,并在工作面迎头打好坚固的立柱和拦板,严禁空顶、空帮作业。

(2) 清理巷道,挖好排水沟。探水钻孔位于巷道低洼处时,应当施工临时水仓,配备足够能力的排水设备。

(3) 在钻探地点或者附近安设专用电话。

(4) 由测量人员依据设计现场标定探放水钻孔位置,与负责探放水工作的人员亲临现场,共同确定钻孔的方位、倾角、深度和钻孔数量。

(5) 制定包括紧急撤人时避灾路线在内的安全措施，使作业区域的每个人员了解和掌握，并保持撤人通道畅通。

(四) 承压套管安装及探放高压水规定

(1) 为确保探放水钻孔出水后能有效控制放水量，保证安全，在预计水压大于 0.1 MPa 的地点探放水时，应预先安装孔口承压套管。

(2) 为确保承压套管的牢固可靠，开孔位置应选择在岩层比较完整、坚硬的地方，承压套管的长度按《煤矿防治水细则》第四十八条执行。

采用双层套管时，考虑钻孔出水对套管的下放影响，外层套管长度一般较短，尽可能下在无水段。

(3) 承压套管要用高压注浆泵进行水泥固结，使套管和岩体成为一体，套管下放凝固至规定的时间后，进行扫孔，而后进行压水耐压试验，耐压值不得小于预计净水压值的 1.5 倍；兼作注浆钻孔的，一般综合注浆终压值至少是预计静水压值的 2.5 倍。所以，套管耐压值须同步增加，且稳压时间必须至少保持半小时，孔口周围不漏水，孔口管牢固不活动，即为合格；否则，必须重新注浆。

(4) 孔口管下好后要安装好控制闸阀，防止因排水能力不足且放水孔又不能有效控制而影响矿井安全。

(5) 在水文地质条件复杂和水头压力、水量大的情况下，按照探放水规定要求，安装孔口承压套管和控制闸阀进行钻进。

(6) 在钻孔内水压大于 1.5 MPa 的高压水地区施工探放水钻孔时，钻进和退钻应采用反压和有防喷装置的方法进行钻进和控制钻杆。反压是指给一个与水头压力反向的作用力。防喷就是防水、防钻杆、防孔内碎岩石块喷出。

(五) 探放水钻孔超前距和止水套管长度要求

(1) 老空区积水范围、积水量不清楚的，近距离煤层开采的，或者地质构造不清楚的，探放水钻孔超前距不得小于 30 m，止水套管长度不得小于 10 m。

(2) 老空区积水范围、积水量清楚的，根据水头值高低、煤(岩)层厚度和强度、安全技术措施等确定。探放老空水的超前水平距可以小于 30 m，止水套管长度可以小于 10 m，保证探放水施工人员的安全即可。

(3) 沿岩层探放含水层、断层和陷落柱等含水体时，按照表 8-2 确定探放水钻孔超前距和止水套管长度。

表 8-2　岩层中探放水钻孔超前距和止水套管长度

水压 p/MPa	钻孔超前距/m	止水套管长度/m
$p<1.0$	>10	>5
$1.0\leqslant p<2.0$	>15	>10
$2.0\leqslant p<3.0$	>20	>15
$p\geqslant 3.0$	>25	>20

(六) 探放水安全技术要求

(1) 在探放水钻进时，发现煤岩松软、片帮、来压或者钻孔中水压、水量突然增大和顶钻等突水征兆时，立即停止钻进，但不得拔出钻杆；立即组织所有受水威胁区域的人员撤到安全地点，并向矿调度室汇报，采取安全措施，派专业技术人员监测、分析水情，妥善处理。

(2)《煤矿防治水细则》第七十七条规定，煤矿应当根据老空水查明程度和防治措施落实到位程度，对受老空水影响的煤层按威胁程度编制分区管理设计，由煤矿总工程师组织审批。老空积水情况清楚且防治措施落实到位的区域，划为可采区；否则，划为缓采区。缓采区由煤矿地测部门编制老空水探查设计，通过井上下探查手段查明老空积水情况，防治措施落实到位后，方可转为可采区；治理后仍不能保证安全开采的，划为禁采区。

(3) 探放老空水时,预计可能发生瓦斯或者其他有害气体涌出的,应当设有瓦斯检查工或者矿山救护队员在现场值班,随时检查空气成分。如果瓦斯或者其他有害气体浓度超过有关规定,应当立即停止钻进、切断电源、撤出人员,并报告矿调度室,及时处理。揭露老空区未见积水的钻孔应当立即封堵。

(4) 在探放水场地应备有一定数量的坑木、麻袋、木塞、木板、黄泥、棉线、锯和斧等,以便在探放水过程中意外出水或钻孔水压突然增大时及时处理。

(5) 在探放水施工巷道现场发现有松动或破损的支架时,要及时修整或更换,并仔细检查帮顶是否背好。

(6) 探放水施工现场及后路的巷道水沟中的浮煤、碎石等杂物,应随时清理干净。若水沟被冒顶或片帮堵塞,应立即疏通。

(7) 在探放水施工过程中设计的避灾路线内,不许有煤炭、木料或煤车等阻塞,应随时保证畅通无阻。

(8) 揭露老空区未见积水的钻孔应当立即封堵,以防有害气体涌出或者防止其作为突水通道有可能突水。

(9) 钻孔放水前,应当估计积水量,并根据排水能力和水仓容量,控制放水流量,防止淹井淹面。

(10) 放水时,应当设有专人监测钻孔出水情况,测定水量和水压,做好记录。如果水量突然变化,应当分析原因,及时处理,并立即报告矿调度室。

第三节　各类水害探查要点

一、地表水水害的探查

(一) 地表水探查内容

(1) 充分调查当地的地形、地貌条件,编制地质地形图和岩石地质地形图,掌握基岩充水含水层出露及隐伏露头情况。

(2) 掌握不同降水条件下的地下径流模数,以便确定地表水的影响范围。

(3) 地表物探可以采用地震勘探、直流电法、瞬变电磁法、可控源音频大地电磁测深法等探查老空区积水情况以及岩溶裂隙分布情况。

(二) 地表水危险区探查的注意事项

(1) 防止矸石、剥离土方堆积在危险区域内,以防增加治理和抢险的难度。

(2) 防止将涵洞或泄洪沟渠修筑在危险区域内。

(3) 充分了解当地气象资料,根据大气降雨规律及降雨强度,比较准确地预测防洪渠、堤坝、桥涵的瞬时流量,以确定防洪的标准和断面。

(4) 掌握和圈定矿区历史最高洪水位的洪水淹及范围,并做好汛期前的调查和汛期中的巡回观察。

(5) 根据水利工程要求,设计沟渠堤坝的抗洪强度和排泄能力。

二、断层水水害的探查

(一) 必须探放断层水的情况

(1) 预测采掘工作面前方或附近有断层存在,断层位置和含(导)水性不清有可能突水时。

(2) 采掘工作面前方或附近有含(导)水断层存在,但具体位置不清或控制不够严密时。

(3) 采掘工作面底板隔水层厚度与实际承受的水压都处于临界状态(即等于安全隔水层厚度和安全水压的临界值),在掘进工作面前方和采面影响范围内,是否有断层情况不清,一旦遭遇很可能发生突水时。

(4) 井巷工程接近或计划穿过的断层浅部不含(导)水,但在深部有可能突水时。

(5) 断层已被巷道揭露或穿过，暂时没有出水迹象，但由于隔水层厚度和实际水压已接近临界状态，在采动影响下，有可能引起突水，需要探明其深部是否已和强含水层连通，或有底板水的导升高度时。

(6) 根据井巷工程和留设断层防水煤柱等的特殊要求，必须探明断层时。

(7) 采掘工作面接近推断含水断层 100 m 时。

(8) 采掘工作面距已知含水断层 60 m 时。

(9) 采区内小断层使煤层与强含水层的距离缩短时。

(10) 采区内构造不明，且含水层水压大于 2～3 MPa 时。

(二) 断层水探查的主要内容

(1) 查明断层位置、落差、走向、倾向、倾角，断裂带宽度、充填物和充填程度，断层的导水性和富水性。

(2) 查明断层两盘断裂、岩溶发育情况、两盘对接部位的岩层及其富水性。

(3) 查明断层与强含水层的实际距离，即隔水层的实际厚度。

(4) 查明断层探水孔不同深度处的水压、水量、冲洗液消耗量，确定或判断底板水在隔水层中的导升高度。

(5) 通过放水试验和连通试验，查明断层的导水性、富水性以及通过断层的侧向补给水量，为安全采掘和制定矿井防治水措施提供实际资料与理论依据。

(三) 探放断层水的安全注意事项

(1) 水压大于 2 MPa 的断层一般不宜沿煤层探放断层水。

(2) 开孔层位必须在较坚硬岩层中，孔口管(止水套管)的长度、超前距离、探断层的起始点距离应符合要求。

(3) 必须使钻孔在一定的安全深度揭露断层，由孔口至断层之间的岩壁厚度应能在关闭孔口阀门时足以抗衡水压的破坏。对于水压大于 2 MPa、中间要穿过煤层的探断层孔，在打穿断层之前，必须下好第二层孔口管封水护壁，以防高压水与煤层及煤系地层发生人为连通。

(4) 水压大于 2 MPa 时，应选用钻深 200～300 m 的井下大中型钻机，水泵应能单独启动，水泵压力应大于实际水压的 1.5 倍，以便停钻时可以不停泵。一旦高压水大量喷出，必须立即注浆封孔，确保安全。

(5) 揭露断层带或含水层时，孔径应小于 60 mm，同时采用肋骨钻头，以控制孔内涌水量和防止高压水使钻杆射出。

(6) 孔口安全装置要求与探老空水时相同。另外，要特别注意各部件组装的密封程度，防止高压水造成的漏水射流使构件冲蚀损坏。发现水压、水量很大时，要用两套闸门控水，平时主要开闭外闸门，内闸门留作备用。一旦外闸门失效，可关闭内闸门，更换外闸门。

(7) 在喷高压水的条件下继续钻进时，斜孔可使用孔口防喷逆止阀，倾角为 50°～90°的钻孔可使用孔口防喷帽或盘根密封防喷器，钻具可使用防喷接头，上下钻可使用孔口反压装置。

(8) 严格执行交接班制度，力争做到交接班时不停钻，以防止发生孔内事故。

(9) 钻孔终孔后，孔内有水时，应进行放水试验；孔内无水时，应选择一个孔进行压水试验，检验断层带隔水性能，但压力一般以略大于断层所承受的静水压力为宜。

(10) 钻孔完成各项探测任务后，应立即全孔注浆封闭。

三、陷落柱水水害的探查

在探放陷落柱水钻孔的布置及施工中，应注意以下问题。

(1) 水压大于 2～3 MPa 的陷落柱，原则上不沿煤层布置探放水钻孔，钻孔应布置在煤系地层底板稳定的岩层中。若在煤层中布置钻孔，沿煤层埋设的孔口安全止水套管容易被陷落柱中的高压水突破。

(2) 严格执行钻孔验收和允许掘进距离的审批制度。

(3) 孔口安全装置、施工安全注意事项与探放高压断层水要求相同。

(4) 监测并记录孔内水压、水量和水质的变化,发现异常应加密或加深钻孔,争取直接探到陷落柱。

(5) 钻孔探测后必须注浆封闭并做好封孔记录,注浆结束后压力应大于区域静水压力的 1.5 倍。

(6) 探到陷落柱无水或水量很小时,要用泵进行略大于区域静水压力的压水试验,检验其导水性。同时,要向其深部布孔,了解深部的含(导)水性和底板强含水层水的导升高度。

(7) 要提高岩芯采取率,及时进行岩芯鉴定,做好断层破碎带与陷落柱的分辨工作,编制好水文地质图表。

四、钻孔水水害的探查

(一) 导水钻孔的调查与分析步骤

历史上已有的钻孔有无导水威胁,需要认真调查分析,其步骤如下。

(1) 绘制钻孔分布图,将过去有关部门打的各类钻孔都准确地标定在图上。尽量收集到柱状图、封孔止水资料、孔口标高和坐标、测斜数据以及其他有关资料,以便准确定位。没有坐标、标高的钻孔,应从旧图纸或对照现场地形地物确定位置,反求坐标,便于查找。

(2) 按照要求建立钻孔止水质量调查登记表,分析确定有导水可能的钻孔,并将其标到有关采掘工程平面图和储量图上,圈定警戒线和探水线,以引起重视。

(3) 编制含水层等水压线图,结合出水点和矿井涌水量的变化规律,分析高水位区或低水位区形成的原因和条件,判断是否有导水钻孔。

（二）导水钻孔的探查与处理

（1）能在地面找到位置的有导水可能的钻孔，应在地面安装钻机进行检查处理。检查钻进中，应防止中途偏斜，一般需要专门的导向钻头，用中、慢速扫孔钻进，一旦出现偏离要及时纠正。

（2）不便找孔启封的、水压低于 2 MPa、水量预计小于 5 m^3/min 的钻孔，可在井下探水找孔封堵。

（3）当导水钻孔的位置比较确切，有测斜资料可以定位，但地面启封和井下探查处理都有困难时，可留设防水煤柱。

四、含水层水水害的探查

（一）煤层顶板含水层水的探放

（1）石门揭露含水层之前，应按要求预留超前距、布置扇面形钻孔，进行超前探水。

（2）在开拓井巷之前、回采导水裂隙带可能破坏顶板含水层水时，应通过附近巷道的实际观测，找出构造裂隙比较发育并可能突水的地段，布置探查孔，进行放水试验，了解水压和水的补给储存量，将水疏放出来后进行回采。

（3）通过探查，证实本含水层与强含水层或其他水体未发生水力联系，且采区有足够的排水能力时，可在采区最低部位首先回采，实行采动放水，也可以结合生产开拓的需要，直接在含水层内掘巷道放水。

（二）底板含水层水的探放

矿井采掘时一般不揭露底板含水层，但随着采深的加大，承压水头愈来愈大，经常发生底板突水事故。当其与强含水层沟通时，往往会造成淹井。实践证明，加强井下探放和查证，是预防此类水害的关键措施之一。

对底板突水水文地质和工程地质条件的探查，与一般探水有相同之处，但也有其自身特点。地面和井下、钻探和物探必须相结合，并与探断层水相结合。具体探查方法如下。

(1) 地面钻探。有煤层底板突水危险的煤田，在地质勘探阶段，要探查突水的水文地质条件；在生产补充勘探阶段，应将其列为重点。钻探或勘探钻孔必须加强封孔和必要的隔离止水工作，防止出现导水钻孔。

(2) 地面物探。根据条件和可能，应积极采用地震勘探、电法勘探、孔间透视和航空遥感等手段进行探查。

(3) 井下物探。利用开拓巷道已接近主要含水层的条件，用物探的方法探测主要含水层的界面，了解隔水层厚度、底板含水层的富水带及其地下水沿构造裂隙上升的原始导高、采动矿山压力对底板隔水层的破坏和影响深度等。

(4) 钻探。这是目前探查的主要手段。井下探断层水的钻孔，大部分起到探含水层的作用，因此探断层水可以和探含水层水相结合，并根据采区需要在布置探断层孔的基础上，再布置一部分探含(隔)水层的钻孔。此类钻孔既可打垂直孔，也可打不同倾角的斜孔。

五、老空水水害的探查

矿井采掘的废巷老空区，积水量大者可达数百万立方米，一旦采掘工作面接近或揭露它们时，常常造成突水淹井及人身伤亡事故，故必须探放老空水。

(一) 老空水探放原则

探放老空水除了要遵循《煤矿安全规程》的规定以外，还应遵循下述探放原则。

(1) 主动探放。当老空区不在河道或重要建筑物下面、排放老空区内积水不会过分加重矿井排水负担，且积水区之下又有大量的煤炭资源时，这部分积水应主动探放出来，以彻底解除水患。

(2) 先隔离后探放。与地表水有密切水力联系且雨季可能接受大量补给的老空水，老空区的积水量较大，水质不好(酸性大)，为避免负担长期排水费用，对这种积水区应先设法隔断或减少其补给水量，再进行探水。若隔断水源有困难、无法进行有效的探放，则应留设煤(岩)柱与生产区隔开。

(3) 先堵后探放。当老空区为强含水层水或出水点有很大的补给量时，一般应先封堵出水点，再探放水。

(4) 先降压后探放。对水量大、水压高的积水区，应先从顶、底板岩层打穿层放水孔，把水压降下来，再沿煤层打探水钻孔。

(二) 探放水步骤

掌握相邻矿井与本矿 200 m 范围采掘动态→掌握小窑或老空区位置→圈定采空区范围→井上和井下下对照图、水文地质图标注→确定积水边界→划定探水线→编制探放水设计→确定超前距→探放→资料整理→确定允许掘进距离→掘进→探水→重复直至揭露老空区→放水。

第九章　煤矿探放水钻机及相关设备的安全使用

煤矿井下探放水设备主要包括探放水钻机及其配套钻杆钻头、注浆泵、泥浆泵等。

第一节　煤矿探放水钻机及配套设备

一、煤矿坑道勘探用钻机型式与基本参数

(一) 型式与型号

钻机按回转器的结构特征分为两种基本型式,即动力头式和立轴式,其中动力头式包括液压动力头式和机械动力头式。

钻机由电动机驱动,钻机型号的组成和排列方式如图 9-1 所示。

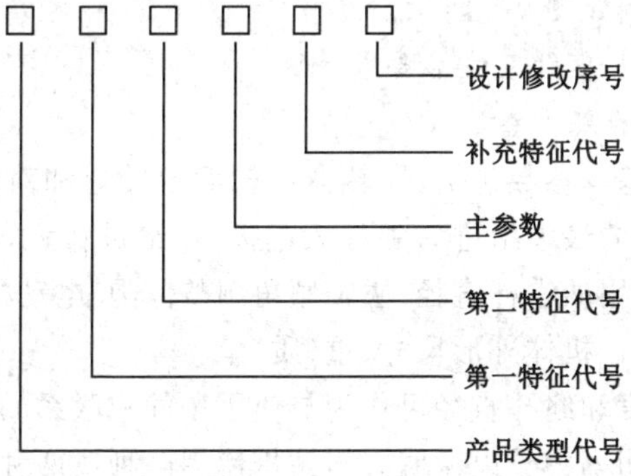

图 9-1　钻机型号的组成和排列方式

钻机型号的各组成部分按下列规则确定。

(1) 产品类型代号一律使用大写字母 Z 表示,意思是“钻机”。

(2) 第一特征代号用于区别钻机的型式,使用大写字母 D 或 L 表示,前者意思是“动力头式”,后者意思是“立轴”。

(3) 第二特征代号用于突出钻机主传动的特点,用一个大写字母 J 或 Y 表示,前者意思是“机械传动”,后者意思是“液压传动”。

(4) 主参数为钻机主轴额定转矩,当钻机有多个挡位时,取与低速挡对应的最大额定转矩为主参数,以牛·米(N·m)为单位,用阿拉伯数字表示。

(5) 补充特征代号用于在必要时区别类似产品,用 1～2 个大写字母(I、O 除外)表示。此项代号的具体含义由制造厂自定,也可空缺,例如,G 表示“高转速型”、S 表示“双泵系统”、B 表示“步履式”、L 表示“履带式”等。

在煤矿井下,通常将主轴最高转速大于 500 r/min 的钻机称为高转速型钻机。

(6) 设计修改序号用加括号的大写字母(A)、(B)、(C)……表示设计出现的先后。对于首次提出的设计,此项可空缺。

型号示例如图 9-2 所示。

(二) 基本参数及技术要求

1. 钻机的基本参数

钻机的基本参数包括:回转器主轴额定转矩和对应的额定转速;给进机构的最大给进力和最大起拔力、给进行程;绞车的单绳最大拉力、配用的钻杆直径、主轴倾角调整范围、电动机功率、液压系统额定压力、机体外形尺寸、重(质)量。

钻进深度和终孔直径可作为与使用条件相联系的参考参数在产品使用说明书中予以说明。当钻机使用两种或两种以上直径的钻杆或终孔直径有较大变化时,其相应的钻进深度应分别列出。

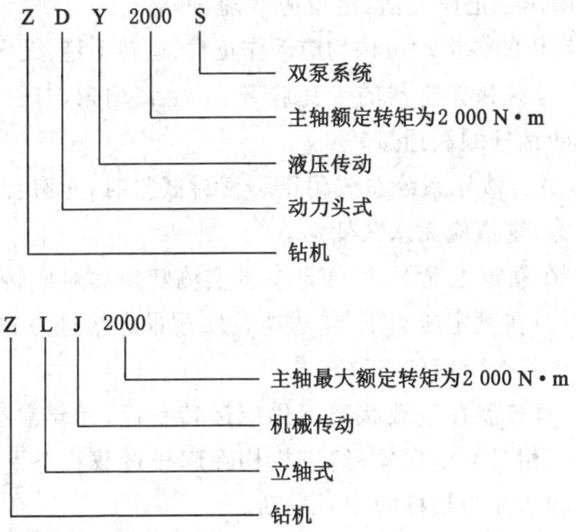

图 9-2　型号示例

2. 钻机的技术要求

(1) 钻机有转动方向要求的部位应清晰标明正确的方向。

(2) 钻机各仪表和控制手把的位置应使操作者易于观察和方便操作。

(3) 钻机外露表面不得有飞边、毛刺、损伤等缺陷，非加工不平滑表面应涂泥子抹平，并打磨平整，除铜管、胶管的表面及做过电镀或发黑处理、涂防锈油的表面之外，均应做涂漆处理。

(4) 钻机涂漆应均匀牢固，不得有锈斑、皱皮、剥落、裂纹、流挂、气泡等缺陷。

(5) 钻机经常拆卸的液压管路口应配防护盖。

(6) 钻机上容易引起人身伤害的运动部位，应设置安全防护装置或做醒目标志。

(7) 冷却系统应无漏水、串水现象。

(8) 操作手把应灵活,定位应准确、可靠。

(9) 钻机的各运动机构均应动作正常、运转平稳、无异常声响。

(10) 卡盘和夹持器的卡瓦应开合灵活、均匀,打开时应能使标准尺寸的钻杆顺利通过。

(11) 进行液压系统总成耐压和密封试验时,所有焊缝和结合面应无渗漏、管道应无永久变形。

(12) 在额定工况下,回转器主轴实测转矩和对应转速不得小于其额定值;在额定压力下,给进机构实测最大给进力和最大起拔力不得小于其额定值的 95%。

(13) 回转器在过载状态下仍应运转平稳,无异常声响,卡瓦与钻杆间无相对滑动现象;给进机构在起拔过载状态下不应出现机件损坏和卡瓦与钻杆间相对滑动。

(14) 钻机在额定工况下连续运转达到热平衡时,油泵和变速箱外表面的温升不得超过 40 ℃,最高温度不得超过 75 ℃;油箱中液压油的最高温度不得超过 60 ℃;油马达的最高温度不得超过 90 ℃。

二、分体式系列钻机

(一) ZDY1300 型煤矿用全液压坑道钻机

该钻机适用于回转和冲击-回转钻进,针对探放水钻孔而研制,还可用于隧道管棚支护孔、超前地质勘探孔、锚固支护孔、瓦斯抽采孔和注浆孔等的施工。该钻机的外观及技术参数分别如图 9-3 和表 9-1 所示。

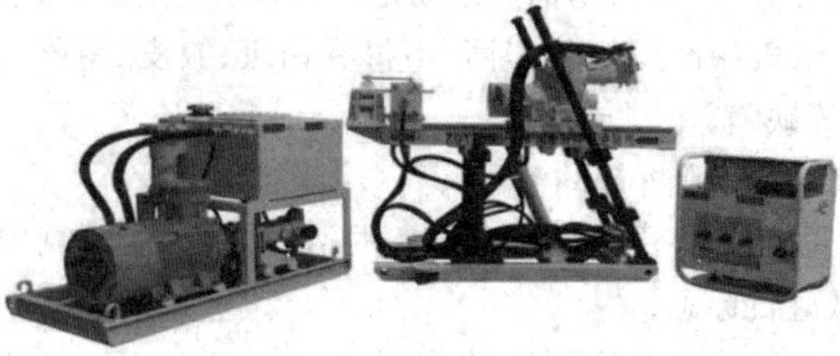

图 9-3 ZDY1300 型煤矿用全液压坑道钻机

表 9-1 ZDY1300 型煤矿用全液压坑道钻机技术参数

项目	参数
参考钻孔深度/m	200
配套钻杆直径/mm	50/63.5
额定转矩/(N·m)	1 300～320
额定转速/($r \cdot min^{-1}$)	100～350
主轴倾角/(°)	0～±90
开孔高度/mm	1 180～1 520
最大给进(起拔)力/kN	36/52
给进(起拔)行程/mm	650
电机功率/kW	30

（二）ZDY1200S/ZDY1900S/ZDY3200S/ZDY4000S 型系列钻机

该系列钻机转速范围广、转矩相对较大，能满足煤矿井下钻进各种用途的钻孔，如抽采瓦斯孔、注水孔及其他工程用孔，也可用于地表工程施工。该系列钻机主要用于大口径牙轮钻进，也适用于大口径硬质合金钻进和冲击回转钻进。该系列钻机的外观及技术参数分别如图 9-4 和表 9-2所示。

图 9-4 ZDY1200S/ZDY1900S/ZDY3200S/ZDY4000S 型系列钻机

表 9-2 ZDY1200S/ZDY1900S/ZDY3200S/ZDY4000S 型系列钻机技术参数

机型	ZDY1200S	ZDY1900S	ZDY3200S	ZDY4000S
钻孔深度/m	200	350/100	350/200	350/200
终孔直径/mm	75	94/100	150/200	150/200
钻杆直径/mm	42/50	63.5/73	63.5/73	73/110
钻孔倾角/(°)	0～+90	0～+90	0～+90	0～+90
回转速度/($r \cdot min^{-1}$)	80～280	85～3 000	50～175	5～280
额定转矩/(N·m)	1 200	1 900	3 200	4 000
给进能力/kN	36	112	112	150
起拔能力/kN	52	77	102/70	150
功率/kW	22	37	37	55

三、履带式全液压坑道钻机

(一) ZDY6500LP 型煤矿用履带式全液压坑道钻机

该钻机功率大，处理事故能力强，适用于碎软煤层瓦斯抽采钻孔。该钻机主要用于本煤层多层瓦斯抽采孔、穿层孔、探放水孔以及其他用途孔的施工。该钻机倾角、方位角、开孔高度调节范围大，自动化程度高；集成孔口防喷装置，可防止煤与瓦斯喷出，并具有集尘、降尘作用；可满足 1.5 m 钻杆中间加杆，提高加杆效率；内嵌自动防动力头下滑模块，有效提高施工的安全性；液压系统采用进口液压件及其插装阀控制，可靠性高。该钻机的外观及技术参数分别如图 9-5 和表 9-3 所示。

图 9-5 ZDY6500LP 型煤矿用履带式全液压坑道钻机

表 9-3 ZDY6500LP 型煤矿用履带式全液压坑道钻机技术参数

项目	参数
参考钻孔深度/m	600
配套钻杆直径/mm	73/89
额定转矩/(N·m)	6 500～1 750
额定转速/($r \cdot min^{-1}$)	60～200
主轴倾角/(°)	−90～+90
方位角/(°)	−90～+90
开孔高度/mm	1 620～2 720
最大给进(起拔)力/kN	125/190
给进(起拔)行程/mm	1 800
电机功率/kW	90
最大行走速度/($km \cdot h^{-1}$)	2
最大爬坡能力/(°)	15

(二) ZDY3200LF 型双臂超前探钻机

该钻机是一款可同时施工两个钻孔的新型履带钻机，主要用于掘进工作面探放水或隐蔽地质构造探测孔的施工，也可用于瓦斯抽采孔、注浆孔的施工。该钻机可有效解决钻锚交替矛盾问题，为煤矿巷道安全、高效掘进提供可靠的装备保障。该钻机采用双工作臂设计，可同时施工两个不同方位、角度的钻孔；采用分体履带，宽度窄，移动灵活，可与握进机交替进行施工；采用中心通孔式回转器、油缸继链条给进机构及多自由度变幅机构的设计，辅助时间短、巷道适应性强。该钻机的外观及技术参数分别如图 9-6 和表 9-4 所示。

图 9-6　ZDY3200LF 型双臂超前探钻机

表 9-4　ZDY3200LF 型双臂超前探钻机技术参数

项目	参数
参考钻孔深度/m	300
配套钻杆直径/mm	73
额定转矩/(N·m)	3 200～750
额定转速/($r\cdot min^{-1}$)	50～200
主轴倾角/(°)	−90～+90
水平方位角/(°)	−90～+90
工作臂间距/m	2
给进(起拔)行程/mm	1 200
电机功率/kW	90

(三) ZDY6000LD(B)/ZDY6000LD(C)型千米定向钻机

该系列钻机可采用孔底马达定向钻进、回转钻进等施工工艺，适用于瓦斯抽采穿层顺层、探放水以及底板注浆等高精度定向钻孔施工。该系列钻机液压系统设置有多种联动功能，具有钻进保护、给进油缸倍速、钻杆螺纹保护、节流快开等逻辑回路，包括起下钻联动、卡转联动、夹转联动等功能回路，可有效提高钻机工作效率。该系列钻机采用履带驱动式整体布局设计，结构紧凑、机动灵活、现场适用性强。该系列钻机的外观及技术参数分别如图 9-7 和表 9-5 所示。

图 9-7　ZDY6000LD(B)/ZDY6000LD(C)型千米定向钻机

表 9-5　ZDY6000LD(B)/ZDY6000LD(C)型千米定向钻机技术参数

机型	ZDY6000 LD(B)	ZDY6000LD(C)
参考钻孔深度/m	1 000/600	1 000/600
配套钻杆直径/mm	73	73
额定转矩/(N·m)	6 000～1 600	6 000～1 600
额定转速/($r \cdot min^{-1}$)	50～190	60～190
主轴倾角/(°)	－30～＋30	－20～＋20
最大给进(起拔)力/kN	230/230	210
开孔高度/m	1.45	1.4
最大行走速度/($km \cdot h^{-1}$)	2.2	2.0
给进(起拔)行程/mm	1 000	1 000
电机功率/kW	75	90

（四）井下定向钻进技术与装备

定向钻进技术可以实现钻孔轨迹的精确控制，保证钻孔在预定层位中有效延伸，实现长距离钻进，也可进行多分支孔施工，广泛应用于瓦斯抽采、探放水、精确注浆、地质构造探测等领域。定向钻进装备系统组成如图 9-8 所示。

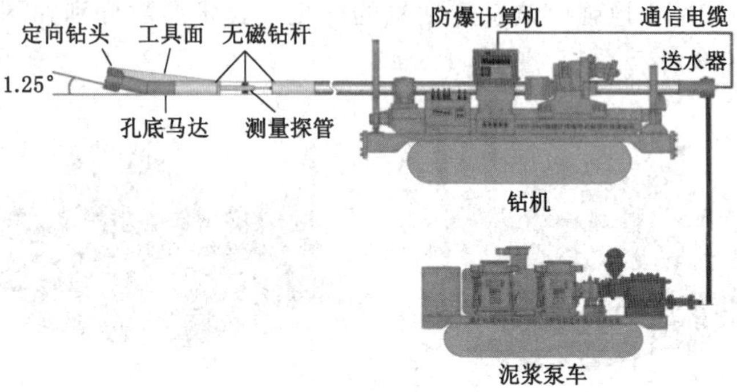

图 9-8　定向钻进装备系统组成

2019 年 9 月，我国利用 ZDY15000LD 大功率定向钻机、BLY460/13 型泥浆泵车、YHD3-3000 型泥浆脉冲无线随钻测量系统、冲洗液净化循环系统等装备，采用煤矿井下超长钻具加压减阻和复合回转分支钻进技术，攻克了超长孔定向钻进钻压高效传递、轨迹精确控制难题，在某矿五盘区一号进风大巷成功钻成主孔深度 3 353 m 沿煤层超长定向钻孔，创造了沿煤层坑道定向钻进新的孔深世界纪录。该钻孔钻进用时 21 天，总进尺 4 428 m，日均进尺 210 m 以上，于 9 月 14 日 19:00 与相邻三下盘区二号回风大巷精确贯通，成功贯穿二盘区 81210 工作面，贯穿点位于巷道底板上 1.5 m 处，中靶点距预测靶点左右偏差小于 5 m，上下偏差小于 0.5 m。

四、钻杆与钻头

（一）钻杆

1. 钻杆的作用

钻杆是钻孔工具中用于连接、传递动力的杆件，是尾部带有螺纹的钢管。钻杆的用途是将钻探泥浆运送到钻头，并将钻头提高、降低或旋转底孔装置。钻杆必须能够承受巨大的内外压力、扭曲力、弯曲力和振动。在开采和提炼过程中，钻杆可重复使用。

原钢管材和光管在经过多次加工后被制成钻杆。首先，通过钢管加厚工序的处理，光管外表面向内弯，钢管管壁加厚；接着进行螺纹加工并镀上能够增加强度的铜；然后进行非破坏性质量控制及钢管管体接头的焊接；而后，管体会经历焊接热处理和焊接最终处理，以消除焊接残余压力。在对成品钻杆进行渡漆和包装前要对钢管成品进行其他一些检测，包括硬度测试、压力测试和非破坏性测试。地质钻杆的长度一般在 1 m 左右。

2. 钻杆特点

(1) 螺旋钻杆：冷拉一次成型叶片，不退火，韧性好，耐用。

(2) 长螺旋钻杆：冷拉一次成型叶片，不退火，韧性好，耐用。

(3) 桩机设备的钻杆：采用插入式丝扣连接，拆装方便、迅速，密封性好，抗拉强度高，成桩质量高，垂直度好，便于拆卸、安装。

3. 高强度外平钻杆

这种钻杆主要用于煤矿井下地层条件较好的瓦斯抽放(采)钻孔、探放水孔、注浆孔等各类钻孔施工，也可应用于矿山、地质、水电等行业的钻孔施工。这种钻杆强度高，既适用于常规钻进，又适用于冲击回转钻进。高强度外平钻杆的外观如图 9-9 所示，技术参数与使用级配建议如表 9-6 所示。

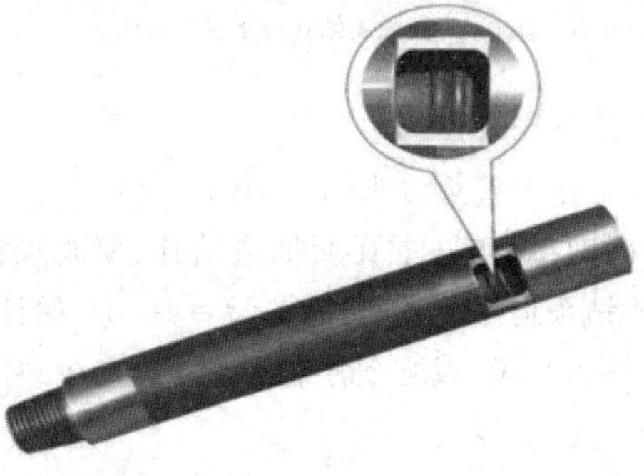

图 9-9　高强度外平钻杆

高强度外平钻杆的特点有：钻杆体采用摩擦焊接工艺焊接而成，钻杆整体力学性能好，使用寿命长；钻杆接头螺纹强度高，抗粘扣性能好。

表 9-6　高强度外平钻杆技术参数与使用级配建议

型号	钢级	钻杆长度/mm	通径/mm	推荐钻机扭矩/(N·m)	推荐钻头规格/mm	
					优选	可选
ZGφ42	R780	1 000 或 1 500，可根据要求定制	φ16	≤750	φ60	φ65
ZGφ50			φ16	≤1 200	φ75	φ65
ZGφ63.5			φ20	≤1 900	φ85	φ94
ZGφ73	R780 (G105)①		φ23	≤4 000 (6 000)	φ94	φ113、φ133
ZGφ73-M (高压密封)			φ22	≤4 000 (6 000)②	φ94	φ113、φ133
ZGφ89			φ35	≤10 000	φ113	φ133、φ153
ZGφ89-M (高压密封)			φ35	≤10 000	φ113	φ133、φ153

注：①为高强度钻杆钢级；②为高强度钻杆可承受扭矩值。

(二) 常见钻头

1. 金刚石复合片弧角钻头(如图 9-10 所示)

(1) 适用范围：煤矿井下瓦斯抽采钻孔、探放水钻孔、注浆钻孔等施工；钢体钻头适用于软-硬地层($f=4\sim8$)，胎体钻头适用于中硬-硬地层($f=6\sim10$)或强研磨性地层，不宜在破碎、裂隙等复杂地层使用。

(2) 特点：弧角型冠部形状，PDC 切削齿具有最佳工作角度，易于切削齿切入岩石，钻进效率高；分层错峰布齿，实现多轨道、分

图 9-10　金刚石复合片弧角钻头

层等体积切削岩石；包镶式焊接结构，PDC 齿焊接强度高。

（3）常用规格：ϕ65 mm、ϕ75 mm、ϕ94 mm、ϕ98 mm、ϕ113 mm、ϕ120 mm、ϕ133 mm 等。

2. 金刚石复合片平角定向钻头（如图 9-11 所示）

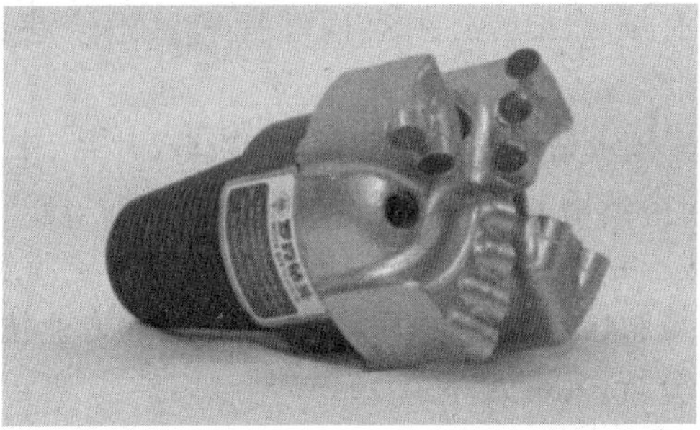

图 9-11　金刚石复合片平角定向钻头

（1）适用范围：配套螺杆马达用于煤矿井下瓦斯抽采孔、探放水孔、注浆加固孔等定向钻孔施工。

(2) 特点:采用直角形刀翼结构,布齿密度增加;钻头体采用烧结工艺成型,相比钢体式钻头,耐磨性强,不易缩径,寿命长。

(3) 常用规格:ϕ96 mm、ϕ98 mm、ϕ120 mm 等。

第二节　钻探操作中的安全技术措施

(1) 在探放水前,必须配备齐全通信设备和给、排水设备,并有备用泵,水泵的电源及排水管路及时跟至巷道迎头并吊挂整齐,水泵电源开关须远离巷道掘进迎头,防止受潮。

(2) 每次打钻探放水前,必须将巷道迎头煤(矸)及巷道内杂物清理干净,并确保巷道迎头 10 m 范围内支护完好到位。

(3) 探放水时,先将探放水钻安装好,各项准备工作做好后再开始工作。打钻时,一人操作钻机,一人点眼位及扶钻杆,一人检查各种有害气体涌出情况及观察巷道迎头和顶底板变化情况,一人记录,其他与打钻无关的人员必须远离打钻地点(一般在 100 m 以外),待打钻结束后再进入迎头施工。

(4) 所有施工人员必须牢固掌握和熟悉该巷道的避水灾路线。

(5) 在探放水钻进时,发现煤(岩)松软、片帮、来压或者钻孔中水压、水量突然增大和顶钻等突(透)水征兆时,应当立即停止钻进,但不得拔出钻杆;现场负责人员应当立即向矿调度室汇报,撤出所有受水威胁区域的人员,采取安全措施,派专业技术人员监测水情并进行分析,妥善处理。

(6) 钻机钻进时,钻机操作人员及其他人员均不得站在钻机的后方,必须站在钻机的两侧,预防突水时出现顶钻伤人。

(7) 探放水打钻前,必须先确保电话与调度室能够联系畅通。

(8) 探放老空水前,应当首先分析、查明老空水体的空间位置、积水范围、积水量和水压等。探放水时，应当撤出探放水点标高以下受水害威胁区域所有人员。放水时，应当监视放水全过程，核对放水量和水压等，直到老空水放完为止，并进行检测验证。

(9) 钻探接近老空区时，应当安排专职瓦斯检查工或者矿山救护队员在现场值班，随时检查空气成分。如果甲烷或者其他有害气体浓度超过有关规定，应当立即停止钻进，切断电源，撤出人员，并报告矿调度室，及时采取措施进行处理。

(10) 钻孔放水前，应当估计积水量，并根据矿井排水能力和水仓容量，控制放水流量，防止淹井；放水时，应当有专人监测钻孔出水情况，测定水量和水压，做好记录。如果水量突然变化，应当立即报告矿调度室，分析原因，及时处理。

(11) 排除井筒和下山的积水及恢复被淹井巷前，应当制定安全措施，防止被水封闭的有毒、有害气体突然涌出。

(12) 排水过程中，应当定时观测排水量、水位和观测孔水位，并由矿山救护队随时检查水面上的空气成分，发现有害气体，及时采取措施进行处理。

(13) 每次打钻前、后，必须及时向调度室汇报。

第三节　钻探质量的控制及钻探事故的防治

地质钻杆工作环境恶劣，工作环境差，易磨损、易腐蚀、易疲劳，综合力学要求高。

钻杆失效形式主要是钻杆的断裂。钻杆在导向、定向钻进过程中一旦断裂，就会对工程造成严重影响，不仅是经济上的巨大损失，而且影响工期、失去信誉，后果严重。因此，作为施工个人或企业，一定要学会如何正确地选择和使用钻杆。

地质钻杆失效原因主要包括两个方面，即人为因素和钻杆本身存在的缺陷。钻杆本身的缺陷又分设计缺陷和材料本身存在的缺陷。

常见的钻杆事故主要有埋钻、卡钻、偏斜等。

一、埋钻事故

通常而言，在煤矿井下，包括在煤层和在岩层中钻进，钻机埋钻事故可分为两大类：塌孔埋钻和沉渣埋钻。沉渣埋钻常为伴生事故，一般会发生在下斜钻孔的钻头位置，该事故发生率较低。塌孔埋钻事故的发生主要有两个方面的原因：一方面是当钻机钻进遇到较软的煤层时，不管是空气或清水钻进，由于其硬度小或较松散、破碎，致使难以成孔，进而造成塌孔埋钻；另一方面，钻机在钻进过程中产生的诸如钻具回转时的震动等也会引起塌孔埋钻。

埋钻事故的应对措施：按照钻孔事故处理的一般原则，在埋钻事故发生时，需要对埋钻的原因进行冷静分析，依据钻孔段的孔深、埋钻长度和埋钻程度，可以运用“活动钻具＋泥浆泵冲孔”工艺对埋钻事故进行处理。在处理过程中，首先把泥浆泵冲孔打开，通过使用辅助钻机以活动发生事故的钻具，经过多次试验，如果钻具有了一定的活动空间，先不要把钻具从事故孔段抽出，需要反复多次去尝试，使埋钻孔段得到松动，同时要仔细观察孔口的返渣量与返水量发生的变化，等到孔内疏通之后再将钻具从事故孔段抽出。若运用此工艺无法解决，还可以采用“强力起拔”工艺，通过对马达排量的调整，使马达保持一种低转速、大扭矩的工作效率。在强力起拔事故钻具的同时，需要密切观察压力表是否发生变化，避免钻机在强制工作的环境下发生损害和二次孔内事故的发生。通常情况下，这两种方法就可以解决不太严重的埋钻事故。

二、卡钻事故

卡钻是指由于各种原因引起钻具在钻探过程中卡在孔内，提不出来，无法自由活动的情况。按照事故成因不同，卡钻事故主要分为坍塌卡钻事故、缩径卡钻事故和沉渣卡钻事故，最常见的事故是坍塌卡钻事故。

卡钻事故的应对措施：在处理卡钻事故时，必须严格遵守并执行钻场的交接班制度，从解决事故开始到结束，需要把泥浆泵开启不停地送水，首先尝试使用“活动钻具＋泥浆泵冲孔”工艺来进行处理。倘若使用此工艺无法解决，则可以运用“强力起拔”工艺，首先在较小的回转扭矩下使得卡住的钻杆松动，如果无法使卡钻松动，可以调节回转扭矩，将其调至最大后再进行尝试。对于一般的卡钻事故，通过采用上述工艺就可以解决。如果处理不成功，应区分钻杆断与不断两种情况，选择采用“套铣扫孔”工艺、“拔管机强力起拔”工艺、“反丝钻杆＋反丝锥”工艺来进行处理。

三、偏斜事故

在瓦斯抽采过程中，钻杆和钻孔间具有一定的空隙，而钻杆力矩的变化会发生偏斜力。与此同时，钻孔内存在着软硬程度不同的煤层，加之钻杆本身富有弹性，操作人员不当的操作可能会引起钻机定位产生误差，从而使钻孔施工倾角偏设计值低于钻孔偏斜率。特别是在较薄的钻孔施工过程中，由于钻孔的偏斜会使本煤层的预抽钻孔无法保证覆盖全煤层或者探放水钻孔不能施工到设计位置，从而影响瓦斯抽采和探放水效果。

偏斜事故的应对措施：在对偏斜事故进行处理时，需要先把单体液压支柱打好，保证钻机保持平稳、牢固。在施工过程中，要严格按照设计好的钻孔方位角、倾角进行。如果钻机遇到孔内的岩性变化，需要及时减小给进的压力。给进压力要缓慢匀速，同时还需把水量或风量加大，保证及时排出孔内的煤渣。为了保证钻孔能打到指定位置、不发生偏斜，可以采用保直钻具组合方式。

第十章　钻孔套管的固定和封孔技术

第一节　钻孔孔口管的要求和固定方法

一、钻孔孔口管的要求

孔口管固定在钻孔孔口，安装上阀门，控制钻孔涌水量，井下探放水是否安全主要还是看孔口管长度、固定方法是否能满足要求。探放水钻孔孔口管一般选用地质钻孔套管管材，孔口管的长度根据钻孔可能遇到的最高水压、钻孔孔口岩石条件等因素，按照《煤矿防治水细则》要求选定。

《煤矿防治水细则》第四十八条规定，探放水钻孔超前距和止水套管长度，应当符合下列规定。

(1) 老空积水范围、积水量不清楚的，近距离煤层开采的或者地质构造不清楚的，探放水钻孔超前距不得小于 30 m，止水套管长度不得小于 10 m；老空积水范围、积水量清楚的，根据水头值高低、煤(岩)层厚度、强度及安全技术措施等确定。

(2) 沿岩层探放含水层、断层和陷落柱等含水体时，按表 10-1 确定探放水钻孔超前距和止水套管长度。

表 10-1　岩层中探放水钻孔超前距和止水套管长度

水压 p/MPa	钻孔超前距/m	止水套管长度/m
$p<1.0$	>10	>5
$1.0\leqslant p<2.0$	>15	>10
$2.0\leqslant p<3.0$	>20	>15
$p\geqslant 3.0$	>25	>20

探放水钻孔孔口管材质为地质勘探用无缝钢管，上部与法兰盘焊接，管壁外以 6# 铅丝（或其他可替代金属丝）缠绕，并用电焊焊牢。孔口管下部切割为锯齿状，以便于固管时出浆。孔口管装置如图 10-1 所示。

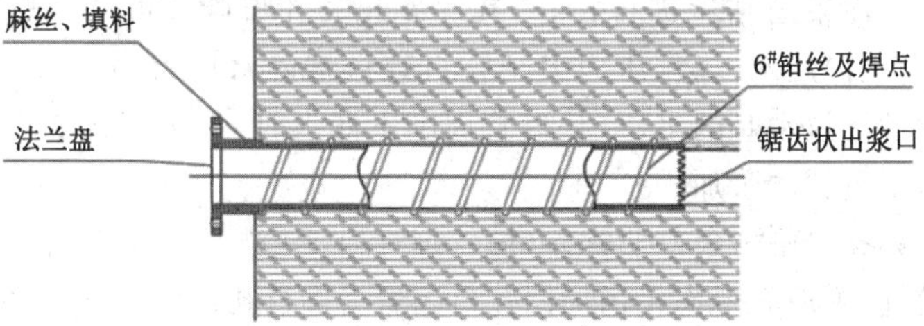

图 10-1　探放水钻孔孔口管装置

二、探放水孔口管施工及安装程序

选择岩层坚硬、完整地段开孔，孔径应大于孔口管直径 1～2 级，钻至预定深度后，将孔内冲洗干净，在孔口管外壁焊上扶正肋骨片后放入孔内。

孔口管的安装与固定主要有以下几种方法。

(1) 水泥浆或砂浆固管套管封孔方案。这是目前最常用的探放水钻孔孔口固管方案。它的特点是材料来源方便，价格低廉，封堵可靠，可与注浆工艺结合施工，但其凝胶时间较长。具体方法为：对于向下钻孔，向孔内注入水泥浆，将预先准备好的孔口管放入孔内；对于水平或向上钻孔，在孔口管插入孔内后，在孔口部分用掺水玻璃的水泥浆将孔口管固定封死，在孔口管外预留 1～2 个注浆小管，从注浆小管向四周压入水泥浆，待从孔口管跑出浓水泥浆时即将小管封死，待水泥浆凝固。

(2) 树脂固管套管封孔方案。这是目前比较常用的探放水钻孔孔口固管方案。它的特点凝胶时间较短、封堵可靠，但需另外准备材料，价格较高。

(3) 丁腈橡胶圈或聚氨酯橡胶圈封孔方案。它的特点为施工速度快,可在地面事先进行设计与制作,减小了井下施工强度与时间。但该方案对围岩条件要求较高,太软与太硬都不行,仅适用于较低压力(2 MPa 以下)的较大数量探放水钻孔的施工。

水泥浆固结后进行扫孔,其深度超过孔口管长度 0.5～1 m 后,向孔内压水试验,压力大于孔口管末端静水压力的 1.2 倍或超过预计放水时的水压,孔口管周围不漏水时,说明符合要求,否则需要重新注浆加固。

如孔口围岩条件非常差(松软、破碎),围岩条件较好地段距孔口较远,则应先考虑采用加固孔口围岩后进行孔口防突方案,但如困难太大,则需采用深孔或孔中分段防突方案。深孔封堵防突方案一般采用胶囊与组合阀门进行,只能在揭露水气害后进行,仅适用于较小水气量探放水钻孔的施工。要事先对孔中地质条件进行详细分析,选好封堵位置,做好预防预案。

《煤矿防治水细则》第四十六条规定,在预计水压大于 0.1 MPa 的地点探水时,预先固结套管,并安装闸阀。止水套管应当进行耐压试验,耐压值不得小于预计静水压值的 1.5 倍,兼做注浆钻孔的,应当综合注浆终压值确定,并稳定 30 min 以上;预计水压大于 1.5 MPa 时,采用反压和有防喷装置的方法钻进,并制定防止孔口管和煤(岩)壁突然鼓出的措施。

某矿止水套管进行耐压试验(水压约为 0.28 MPa,耐压取值 0.5 MPa),先开孔 11 m 后,停止扩孔,下入 6 寸 11 m 刚性套管进行水泥浆液固管。浆液凝固后,在孔口管上加装 6 寸法兰盘、6 寸闸阀、四通、压力表。孔口捆绑 $10^{\#}$ 铁丝固定在帮部加固锚杆上,以防水压增大冲出封孔管。单孔孔口结构如图 10-2 所示。

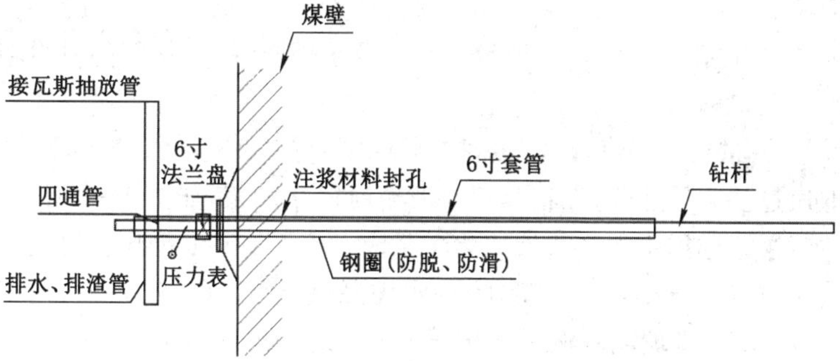

图 10-2　单孔孔口结构

第二节　探放水钻孔的封孔技术

在完成预定任务的探放水钻孔可能作为后期不良导水钻孔的情况下,必须进行封孔处理。如探断层水的钻孔,若断层水来自强含水层、通过留设防隔水煤柱预防导水断层,则要求注浆封闭钻孔。

探放水钻孔封孔时,要求封孔深度必须达到可靠封孔深度。探放水钻孔的封孔是非常重要的。因钻孔封闭不当而导致的次生灾害在国内曾有很多案例。因此,探放水钻孔在钻进前需认真分析地层资料,做好封孔设计及应急预案,并严格执行。

因钻孔封闭不当而导致的次生灾害及其防治措施如下。

(1) 因事先估算失误,孔口管安设深度不足及无孔口防突措施,在钻孔突遇高水压、大流量涌水时,导致孔口无法控制而造成钻孔突水事故,严重者可造成淹井。

发生这类现象时,要按照以下步骤进行处理:

① 稳定住钻机,不得贸然退出孔内钻具。

② 设法通过泥浆泵高压三通阀对钻孔涌水进行可控疏排

泄压。

③ 在孔口与钻具间埋设注浆管及采用棉纱、木材等材料封堵其余孔口漏水点。

④ 进行第一序注浆重新控制钻孔。对钻孔进行反循环注浆，即通过注浆管注浆，在钻具返浆时暂时停止注浆，如图 10-3 所示。注浆浆液选用水泥系浆液或化学浆液。水泥系浆液配比宜选用水灰比 0.6∶1～1∶1(重量比)的水泥浆或 0.2∶1～0.5∶1(体积比)的水泥-水玻璃双液浆。化学浆液按有关说明施工。

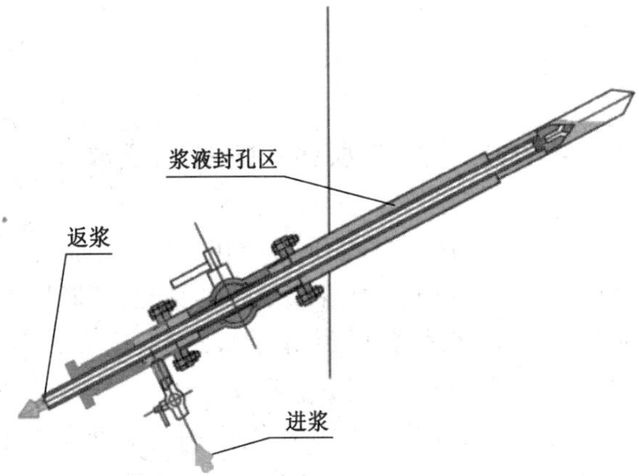

图 10-3　钻孔循环注封孔

⑤ 待一序注浆材料达到可靠强度，进行二序升压注浆封闭钻孔。

(2) 钻孔在实施孔口闷板封孔时，由于注浆封闭深度不足、注浆压力太高而造成受注地层产生“劈裂”效应，使钻孔孔底高压水导通至施工硐室，造成滴渗水及底鼓、冒顶、片帮等事故，严重者可造成施工硐室报废。

对按规范安设有可靠深度孔口管的钻孔，一般要求封孔深度超出孔口管深度 5 m 以上；对高压水钻孔，要求封孔深度达到钻孔孔底。封孔时要按照以下步骤进行。

① 对钻孔进行反循环注浆。在封孔器中心下入注浆管（可采用无缝钢管或钻具），按设计要求达到封孔深度。封闭封孔器，通过封孔器旁路截止阀进行注浆，在钻具返浆时暂时停止注浆。

② 待一序注浆材料达到可靠强度，进行二序升压注浆封闭钻孔。

第十一章　探放水工实际操作

第一节　探放水工岗位安全职责

（1）严格执行钻机操作规程，服从工作安排，完成各项生产任务。

（2）认真执行“两查”（进班后，检查钻机是否松动，以及周围的安全情况；开机前，检查钻机、水泵和其他设备是否完好）、“两不”（按作业规程操作，不违章作业；按设计施工，不随意改变钻孔参数）、“三做到”（熟悉钻机性能，做到会使用、会维修、会排除故障；交接班要做到交接清、责任清、汇报清；做到集中精力操作，发现问题及时处理解决和汇报）。

（3）认真做好钻孔原始记录，钻孔参数和钻孔进度的数据要准确并如实填写，不得弄虚作假，严格按设计施工，保证施工质量。

（4）严禁打假钻、假汇报、填假进尺，杜绝“三违”行为，举报和制止“三违”行为。

（5）做好施工地点的文明卫生工作，做好互保联保工作，养成良好的安全个人行为。

（6）收工后，将钻机的操作手把打零位，作业区域内浮煤清净，本班未解决的问题汇报并交接于下一个班。

（7）认真学习钻孔施工设计、钻孔施工安全技术措施、操作规程，熟练掌握本岗位应知应会和岗位安全风险。

第二节　探放水工作业流程

一、作业基本流程

参加班前会→领取本班任务→入井前材料、工具准备→现场安全检查→接班→施工→质量验收→清理施工现场→交班。

(1) 探放水操作：安全检查→钻机试运转操作→开孔操作→钻孔操作→放水操作→收工。

(2) 套管安装、封孔操作：安装套管→密封套管→安装逆止阀→耐压试验。

二、交接班内容

(1) 作业区域内的浮煤、杂物是否清理干净。

(2) 所有零件是否齐全、完整。

(3) 液压管路系统有无被挤坏、埋压等现象，设备有无变形损坏，各接头密封是否有渗漏现象。

(4) 各操作阀手把是否灵活可靠，是否打在零位。

(5) 钻机压柱、钻杆、钻杆注水器等物件，是否有损坏、变形、弯曲现象，钻具是否齐全。

(6) 泥浆泵及沉淀池是否完好，泥浆泵运转是否正常，沉淀池水量是否充足、是否满足施工要求。

第三节　探放水实际操作

一、安全检查与钻机试运转安全操作

(一) 检查作业环境

(1) 人员避灾撤离通道畅通，操作防护齐全、可靠。

(2) 钻场及附近巷道支护完好、可靠，排水沟畅通，蓄水池无杂物。

(3) 局部通风机工作正常,风筒完好,吊挂平直。钻孔施工地点或全风压通风巷道内风量充足。

(4) 便携式瓦斯检测报警仪、甲烷传感器吊挂到位,工作环境中的甲烷浓度不超过1.0%。

(5) 通信联络畅通。

(二) 检查设备、仪表和工具

(1) 电气设备无“失爆”现象,供电正常。

(2) 钻机机具配合良好,钻头、钻杆、油管等完好,各部件连接正确,油箱内油量充足。

(3) 钻机压柱、戗柱齐全,安装牢靠,综合保护装置完好、可靠。

(4) 水泵完好,供水正常。

(5) 排水设备、仪表和工具齐全、完好、可靠。

(三) 试运转准备

(1) 确认钻机各部紧固件、无松动。

(2) 确认油管完好、连接正确。

(3) 调整水泵排量。

(4) 置主操纵台手把和手轮于停止位置。

(5) 打开油管截止阀。

(四) 试运转

(1) 打开电源开关,点动电动机,确认转向与油泵一致。

(2) 确认油泵各部件无漏油现象。

(3) 空载运转3～5 min,确认钻机运转平稳、无杂音。

(4) 确认卡盘和夹持器开合灵活、动作可靠。

(5) 确认试运转正常,关闭电源开关。

二、探放水安全操作

(一) 标孔

(1) 根据施工设计确定开孔位置。

(2) 用罗盘标定钻孔方位和倾角。

（二）开钻

对准孔位固定钻机→启动钻机，点钻慢开→操作钻机，将钻头送入钻窝或孔底。

（三）钻进

打开水泵电源开关，启动水泵运转→待孔口返水→打开钻机电源开关，启动钻机运转→操作钻机前进、后退，进行钻进操作。

（四）加、退钻杆

将钻机离合器拉到“零”位→停止水泵供水→加、退钻杆→恢复水泵供水→进行钻进。

（五）正常停钻

停止钻进→提离钻具距孔底一定距离→关闭钻机电源开关→关闭水泵电源开关→测定孔深、水量及水压。

（六）紧急停钻

发现突、透水或瓦斯、其他有毒有害气体异常喷出征兆时，立即停止钻进，但不得拔出钻杆，工作人员立即撤到安全地点，并向调度室汇报，根据调度室指令进行下一步工作。

（七）放水安全操作

(1) 确认有害气体浓度范围合理，顶板支护完好。

(2) 确认排水设施完好、渠道畅通。

(3) 探放老空水时，撤出探放水点标高以下受水害威胁区域所有人员。

(4) 打开排水管路阀门，调节放水流量。

(5) 监视放水过程，观测、记录放水量和水压，直到水放完为止。

（八）收工安全操作

(1) 清点钻杆数量。

(2) 测量钻探余尺。

(3) 确认实际钻进深度。

(4) 填写现场施工记录。

(5) 向现场负责人报告施工情况。

(6) 清理作业现场,进行现场交接班。

三、套管安装、封孔及注浆安全操作

(一) 安装套管

清除孔内岩粉→下套管,固定套管孔口。

(二) 密封套管

注入配制好的封孔材料到钻孔内→确认套管壁完全充填密封。

(三) 安装逆止阀

确认逆止阀完好、规格配套→选择孔口位置→安装防喷逆止阀。

(四) 做耐压试验

(1) 在套管固结后,以高于实际压力的 2 倍进行持续 30 min 以上的耐压试验。

(2) 确认套管不松动、周围岩层不漏水。

(五) 注浆安全操作

1. 准备

(1) 收集和记录钻孔出水位置、水量、水温、水压等参数。

(2) 放水冲孔。

(3) 配制浆液。

(4) 连接注浆管路并进行压水试验。

2. 注浆

按设计及压水试验参数确定浆液密度→打开注浆泵电源开关和闸阀,进行注浆→定时观察和记录注浆过程压力变化、进浆量和浆液密度→连续注浆,达到结束标准→注压清水→将管路及钻孔中的浆液全部压入受注层。

（六）收工

（1）关闭注浆泵闸阀和电源开关。

（2）冲洗注浆管路。

（3）拆洗吸浆球阀、注浆球阀，并将注浆管路盘放整齐。

（4）填写现场作业记录，进行现场交接班。

第十二章　探放水作业人员职业特殊性及职业危害防治

第一节　煤矿作业特点

我国大多数煤矿地质条件复杂，绝大多数为井工开采。煤矿井下作业环境特点主要表现在以下几个方面。

一、工作环境特殊，多为井下作业，条件艰苦

我国95%以上的煤矿是井下作业，井深平均在400 m以上，工作环境与地面相比要艰苦得多。

(1) 煤矿井下工作环境空间狭窄，活动受限，阴暗潮湿，没有阳光照射，能见度低，井下工作人员时刻都面临危险。

(2) 工作场所不固定，工作面不断搬迁，采掘设备要随着采掘工作面不断推移，并且地质构造常有变化，地下开采技术条件复杂。

(3) 工作地点由于采深较大，受地热作用、人体和机电设备的散热、水分蒸发等因素影响，井下的温度、湿度、空气质量等气候条件会变差。

二、作业环境艰苦

作业时间长、劳动强度大，易使工作人员劳累疲乏、体能下降、反应迟钝，极易产生焦躁情绪。在煤炭生产过程中，作业人员还要随时随地与水、火、瓦斯、顶板冒落、掉罐、跑车等多种灾害事故作斗争，作业环境十分复杂。近年来，部分煤矿企业取消大夜班的生产，增加了强制月休假制度，使煤矿职工的幸福感得到了明显提升。

三、生产系统工艺复杂

煤矿井下生产具有多工种、多方位、多系统、立体交叉、连续作业的特点，采煤、掘进、通风、机电、排水、供电、运输等各系统中，任何一个工种、任何一个部位或任何一个细小的环节出现管理和技术方面的问题，都可能酿成事故，甚至造成重大、特大事故。

四、自然灾害严重

我国煤层赋存条件较差，大多数煤矿地质条件复杂，灾害因素多，导致灾害的机理复杂，伴生的灾害事故时有发生。矿井瓦斯、水、火、矿尘、破碎顶板及有毒有害气体等，都威胁着煤矿安全生产工作。

五、职工劳动技能素质偏低

煤矿从业人员结构复杂，综合素质不高。我国煤矿用人过多，整体文化水平偏低，缺乏自我保护意识和能力，违章作业现象严重。

六、容易造成群死群伤事故

煤矿事故总量多，“三防”类事故引发的重大事故时有发生，容易造成群死群伤。煤矿是工矿企业中事故死亡人数最多的行业。

七、煤矿职业危害严重

据不完全统计，全国煤矿尘肺病患者达 30 万人，占总尘肺病患者的一半左右；每年因尘肺病造成直接经济损失有数十亿元。此外，风湿、腰肌劳损等职业病在煤炭行业仍然存在。

八、煤矿机械化程度低，安全技术装备水平低

据统计，原国有重点煤矿的采煤机械化程度为 75%以上，综采机械化程度接近 60%，综掘机械化程度为 15%左右。而原国有地方煤矿和乡镇煤矿机械化程度普遍较低，有的根本不具备防御灾害的能力，多数小煤矿仍旧使用落后淘汰的电气设备，这些设备的电气防爆性能差、失爆率高。

第二节　煤矿探放水作业在防治煤矿灾害中的重要作用

煤矿探放水作业处在煤矿工作第一线。只要煤矿探放水工了解煤矿灾害发生和发展的规律，具备井下作业安全知识，具有识灾、防灾、避灾的能力，严格按《煤矿安全规程》要求谨慎操作，及时发现事故隐患并及时报告和采取措施，即可最大限度地减少或避免煤矿灾害的发生。

煤矿探放水作业在防治煤矿灾害中起到重要作用。

(1) 在瓦斯事故预防方面的作用。瓦斯爆炸是煤矿生产的主要灾害之一，煤矿一旦发生瓦斯爆炸，危害十分严重。煤矿探放水工在工作中应与支架工密切配合，及时支护，防止冒顶、片帮，以减少瓦斯逸出；发现瓦斯超限，及时报告并采取相应的措施。这样，可有效预防瓦斯事故的发生。

(2) 在矿尘防治方面的作用。煤矿探放水工在工作中要密切配合注水降尘工的工作，避免煤尘爆炸事故的发生。

(3) 在矿井火灾防治方面的作用。煤矿探放水工应注意观察电缆、水管拖移装置的拖移情况，发现有刮卡现象，及时紧急处理，以防电缆刮断引发电缆短路；在探放水过程中，应注意观察煤炭自燃等火灾事故隐患，发现情况及时报告。这样，可有效、及时地消除煤矿火灾事故隐患，避免煤矿火灾事故的发生。

(4) 在矿井水害防治方面的作用。煤矿探放水工要做好探放水安全管理工作；熟悉并注意观察采煤工作面的突水预兆，发现水害隐患及时报告；熟悉水害避灾撤出路线。这样，可有效地避免或减轻水害的影响。

(5) 在矿井顶板灾害防治方面的作用。顶板事故会造成井下人员伤亡、设备损害、生产停顿等事故，是煤矿生产的主要灾害之一。煤矿探放水工在工作中，要严格执行顶板管理安全技术措施；

与支架工密切配合，及时支护，防止冒顶、片帮；发生冒顶、片帮事故时，及时停止作业，协助支架工进行处理；严格执行敲帮问顶制度，要保证在支护可靠的情况下进行工作；使用好顶板灾害发生的预警、预报系统。这样，可有效地避免或减轻顶板灾害的不利影响。

第三节　煤矿探放水工的职业道德和安全职责

一、煤矿探放水工的职业道德

职业道德是指人们在职业活动中应遵守的行为规范的总和。各行各业都有自己的职业道德，它既是对从业人员职业活动的行为要求，又是本行业对社会所承担的道德责任和义务。

煤矿安全生产必须要求每个煤矿职工忠于职守、尽心尽力地履行自己的职责，遵守劳动纪律。一个安全、文明的矿井必然有一支严格遵循安全职责的矿工队伍，这是对矿工职业道德的最基本要求，也是职业道德的个体表现。

职业道德的内容是多方面的，难以一概俱全。煤矿探放水工的职业道德主要体现在以下几个方面。

(1) 爱岗敬业，尽职尽责。爱岗敬业，尽职尽责，是煤矿工人的基本道德之一。煤矿探放水工属于煤矿井下特殊工种，要想做好本职工作、在自己的岗位上取得成绩，首先要热爱自己从事的事业，热爱本职岗位，把对矿山及岗位的热爱转化为对工作的满腔热情和执着追求，兢兢业业，任劳任怨，不怕苦，不怕累。

(2) 遵章守纪，文明生产。井下作业既艰苦而又充满危险，国家有关部门、地方政府及工矿企业相继制定了许多安全生产方面的法律法规和规章制度，目的就是更好地保证安全、促进生产。因此，对从事煤矿井下特殊工作岗位的煤矿探放水工来说，一定要自觉遵守国家法律法规和煤矿企业的各种规章制度，佩戴好劳动防护用品，持证上岗；自觉服从领导的指挥和工作的安排，遵守劳动纪律，认真履行岗位职责，时刻保持好安全生产的警惕性，保护好自身和他人的人身安全；严格遵守《煤矿安全规程》，上标准岗，干标准活；遵章守纪，文明生产，以自身的规范行为保证安全生产。

(3) 互帮互爱，团结协作。在现代企业中，部门与部门之间、岗位与岗位之间、人与人之间无不存在相互关联、相互协调的关系。这种关系如果处理得当，就可以成为一种工作动力；如果处理不好，互相之间不信任、不理解、不合作，所有的事情就不会做好。因此，每一个煤矿探放水工都要从大局出发、从国家和企业的利益出发，在同事间建立一种同志加兄弟般的友情，相互尊重、相互理解、相互配合，形成团队精神。常言道："人心齐，泰山移。"只要心往一处想，劲往一处使，就没有克服不了的困难，就没有过不去的难关。

(4) 钻研业务，提高素质。随着社会的发展、科技的进步，煤矿探放水作业的机械化程度越来越高，这对于煤矿企业来讲是一件好事。这意味着职工的生产工作条件、劳动强度不断地向好的方面改变；意味着煤矿生产的安全系数越来越大。同时，也要求煤矿探放水工一定要增强危机感，提高责任意识，静下心来，勤奋学习，了解新知识，掌握新技术，在工作中虚心向师傅、同事学习，学习他们的专业技术和道德品质，弥补不足，积极进取，不断提高自己的业务能力和技术水平，争当一名技术精湛、业务熟练的技术骨干和行家里手，以适应煤矿科技进步新形势的需要。

(5) 艰苦奋斗，乐于奉献。这是煤矿工人所具有的崇高的精神风范，这种精神一直在激励着无数的矿工奋战在煤海第一线，为煤炭事业的发展做出卓越的贡献。作为煤矿探放水工，更要保持和发扬这种优良传统，淡泊名利，扎根矿山，艰苦奋斗，顽强拼搏，为我国的煤炭事业做出自己应有的贡献。

(6) 战胜灾害，安全生产。煤矿受多种自然灾害的威胁，这就要求煤矿探放水工要有克服困难、战胜灾害的意识和信心。矿井一旦发生事故，煤矿探放水工应该运用自己掌握的安全知识，勇于自救，想方设法尽快脱离灾害现场，在保证安全和力所能及的情况下，勇救他人，共同脱险，战胜灾害。安全生产是关系人的生命、煤矿生产和社会稳定的大事，要始终树立“安全为天”的思想，坚持“安全第一，预防为主，综合治理”安全生产方针，严格遵守各项安全生产管理制度。

（7）精心操作，质量第一。在工作中，应爱护所使用的设备，对设备正确、谨慎操作并进行精心细致的检查、维护和保养，及时处理设备故障，使设备处于良好的运转状态。牢固树立“工程质量第一”的意识，保证安全生产条件，并在确保工程质量的前提下，尽量为煤矿企业节约资金，提高社会效益和经济效益。

二、煤矿探放水作业人员的安全职责

煤矿井下生产条件复杂，工作环境恶劣，容易发生安全事故，为保证煤矿安全生产，煤矿探放水工应认真履行安全职责。

（1）认真学习《煤矿安全规程》《煤矿防治水细则》，以及煤矿井下的一般安全知识，并遵守有关规定。

（2）在工作中严格执行操作规程和作业规程中规定的地测防治水工作质量标准，做到安全生产和文明生产。

（3）遵守各项管理制度，绝不允许在工作期间脱岗。严格执行现场交接班制度，除认真填写动态日志和事故记录外，还要将本班设备运行情况详细告知接班人员。

（4）坚决制止任何人违章作业，拒绝接受任何人违章指挥。

（5）持证上岗，用好劳动防护用品，不违章作业。按要求完成各项生产任务，对本岗位内的设备操作、观测和记录、水文参数的收集和分析等安全生产工作负直接责任。

（6）必须熟悉探放水设施、设备的工作原理，掌握其操作要领、维护保养和排除故障的技能。在任何情况下，都不得将设备交给无证人员操作，设备需要停止工作或检修时，一定要按安全要求停机。

(7) 必须对探放水设备进行经常性检查，发现问题及时处理，严禁设备带故障运行。对设备进行操作、检查、维护保养和排除故障时，要注意相关安全事项，确保工作安全。

(8) 熟悉掌握突(透)水预兆，现场发现矿井有透水预兆时，要立即组织撤人，并报告矿调度室。发生事故时，要立即采取安全有效措施，积极进行自救与互救，防止事态扩大。

第十三章　职业病防治

在煤矿开采中易产生种类众多的职业病危害因素。煤矿作业人员在工作过程中接触的职业病危害因素主要有粉尘、化学毒物、噪声、高温、振动等。

第一节　煤矿粉尘及常见职业病

在煤矿生产和建设过程中所产生的各种岩矿微粒统称为煤矿粉尘，它是污染作业环境、损害劳动者健康的重要职业性有害因素。

一、粉尘

在煤矿井下回采、掘进、运输机提升等各个生产过程中，均能产生煤矿粉尘。

（一）粉尘的主要危害

1. 对呼吸系统的影响

粉尘对呼吸系统的损害最大，可以引发尘肺病、粉尘沉着症、呼吸系统炎症和呼吸系统肿瘤等疾病。图 13-1 为人体肺部结构图。

2. 局部作用

局部作用包括粉尘作用于呼吸道黏膜导致萎缩性病变，形成咽炎、喉炎、气管炎等；作用于皮肤，形成粉刺、毛囊炎、脓皮病等；金属和磨料粉尘可引起角膜损伤，导致角膜感觉迟钝和角膜浑浊；沥青烟尘在日光照射下可引起光感性皮炎等。

3. 中毒作用

有毒物质可在呼吸道黏膜被较快溶解、吸收，从而导致中毒。

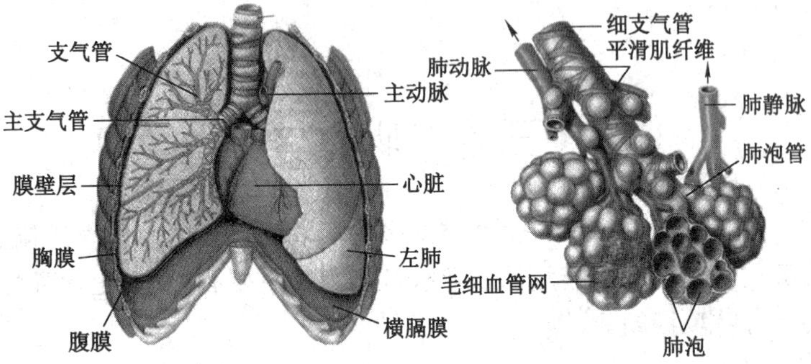

图 13-1　人体肺部结构图

（二）粉尘的主要防治措施

职业病防治工作坚持预防为主、防治结合的方针，实行分类管理、综合治理。职业病防治方面的法律法规有《中华人民共和国尘肺病防治条例》《矽尘作业工人医疗预防措施实施办法》《中华人民共和国劳动法》《中华人民共和国职业病防治法》《工作场所职业卫生管理规定》等。

二、常见的煤矿工人职业病

(1) 尘肺病：在采煤过程中长期吸入无机矿物质粉尘引起，以肺组织弥漫性结节状或网格状纤维化为特征。

(2) 煤矿井下工人慢性胃炎、关节炎、慢性咽炎、慢性鼻炎等疾病的患病率较高。

(3) 皮肤病：工作环境、防护用品使用情况、长期缺少阳光照射、煤矿除（防）尘措施和煤矿职工卫生状况等，对煤矿井下作业人员的皮肤有一定的影响，毛囊炎、痤疮、皮肤瘙痒症、胼胝等皮肤病在他们身上的患病率较高。

(4) 振动病及局部振动病：因长期接触强烈的生产性振动所引起的一种疾病。早期可出现肢端感觉异常、振动感觉减退，主要症状为手麻、手疼、手胀、手凉、手掌多汗、手痛(多在夜间发生),其他症状有手僵、手颤、手无力(多在工作中发生),手指遇冷即出现缺血发白,严重时血管痉挛明显等。

(5) 噪声性耳聋:由于长期处于强噪声环境中而引起的一种缓慢进行的耳聋。长期在强噪声的环境中工作,易造成听觉系统的损害,形成耳聋,同时还可能引起对人体其他系统的损害。

(6) 中暑:高温环境引起的人体体温调节中枢的功能障碍,汗腺功能失调以及水、电解质平衡紊乱所导致的疾病。

(7) 滑囊炎:由于长期、持续、反复、集中和力量稍大的摩擦和压迫而引起的疾病。在一些煤层薄、采高低、机械化程度不高的矿区,滑囊炎的患病率较高。煤矿工人的工龄越长、年龄越大,患病率越高。不同工种的患病率是有差异的,其中采煤工的患病率最高,其次是掘进工。

第二节 煤矿职业危害防治及劳动者职业健康方面的权利

一、煤矿主要职业危害的防治

(一) 职业毒害的防治

接触有毒物质时间的长短、剂量大小、发病缓急,其中毒表现是不同的,有急性中毒、亚急性中毒、慢性中毒三种。短时间内大量毒物侵入人体会引起急性中毒;长时间吸入小剂量毒物会引起慢性中毒;介于急性中毒和慢性中毒之间、在较短时间内吸入较大剂量毒物引起的中毒为亚急性中毒。

(二) 防护措施

(1) 消除毒物。煤矿井下的有毒气体主要来源于炮烟和煤氧化、火灾等。因为很多有毒气体是易溶于水的,通过加强通风和喷雾洒水排除和降低有毒气体含量,净化空气,是消除毒物危害的最根本、最有效的措施。

(2) 加强个人防护。爆破后烟未散去或作业现场空气质量太差时,作业人员不要急着进入工作面,待烟散尽、现场空气质量好转时再进入工作面。同时,还应用好防护服、防护面具、防尘口罩、自救器等。

(3) 提高机体防御能力。对于在有害物质场所的作业人员,应给予其必要的保健待遇,使其加强营养。

(4) 加强对有害物质的监测,掌握其浓度含量,做到心中有数,控制其危害程度。

(5) 对受到危害的人员及时进行健康检查。必要时实行转岗、换岗作业。

(6) 加强有害物质及其预防措施的宣传教育,建立健全安全生产责任制、卫生责任制和岗位责任制等。

二、劳动者在职业健康方面的权利

《职业病防治法》规定,劳动者享有以下职业卫生保护权利。

(1) 获得职业卫生教育、培训。

(2) 获得职业健康检查、职业病诊疗、康复等职业病防治服务。

(3) 了解工作场所产生或者可能产生的职业病危害因素、危害后果和应当采取的职业病防护措施。

(4) 要求用人单位提供符合防治职业病要求的职业病防护设施和个人使用的职业病防护用品,改善工作条件。

(5) 对违反职业病防治法律、法规以及危及生命健康的行为提出批评、检举和控告。

(6) 拒绝违章指挥和强令进行没有职业病防护措施的作业。

(7) 参与用人单位职业卫生工作的民主管理,对职业病防治工作提出意见和建议。

【案例】

苏某是陕西人，经同乡介绍，他到山西省某煤矿工作，后他在工地上发生了一次事故，却意外得知自己患上了硅肺病。

山西某医院对苏某做了进一步检查，确诊其患上了硅肺病。医生说这种病是由于苏某长期在矿井下吸入有害气体所致，属于职业病。带着这份诊断书，他向企业提出索赔，要求进一步治疗。不料，企业以苏某在矿井中的工龄只有18个月为由，认为其工作时间太短，不可能患职业病而拒绝为其治疗。

一筹莫展的苏某找到山西省农民工法律援助工作站，该工作站为其提供了法律援助。

第十四章　自救互救与安全避险

第一节　煤矿安全避险“六大系统”

煤矿安全避险系统是预防事故以及事故发生时开展自救互救、紧急避险而达到减少伤亡目的的重要技术保障。

“六大系统”是指矿井监测监控系统、煤矿井下人员定位系统、井下紧急避险系统、矿井压风自救系统、矿井供水施救系统和矿井通信联络系统。

煤矿应建立应急演练制度，科学确定避灾路线，编制应急预案，每年开展一次“六大系统”联合应急演练。

一、矿井监测监控系统

煤矿企业必须按照《煤矿安全监控系统及检测仪器使用管理规范》（AQ 1029—2019）的要求，建设完善矿井监测监控系统，实现对煤矿井下瓦斯浓度、一氧化碳浓度、温度、风速等的动态监控，为煤矿安全管理提供决策依据。要加强系统设备维护，定期进行调试、校正，及时升级、拓展系统功能和扩大监控范围，确保设备性能完好、系统灵敏可靠。要健全完善规章制度和事故应急预案，明确值班、带班人员责任，矿井监测监控系统中心站实行 24 h 值班制度，当系统发出报警、断电、馈电等异常信息时，能够迅速采取断电、撤人、停工等应急处置措施，充分发挥其安全避险的预警作用。

二、煤矿井下人员定位系统

煤矿企业必须按照《煤矿井下人员位置监测系统使用与管理规范》（MT/T 1198—2023）的要求，建设完善煤矿井下人员定位系统，并做好系统维护和升级改造工作，保障系统安全可靠运行。所有入井人员必须携带识别卡(或具备定位功能的无线通信设备)，确保能够实时掌握井下各个作业区域人员的动态分布及变化情况。要进一步建立健全安全制度，发挥人员定位系统在定员管理和应急救援中的作用。

三、井下紧急避险系统

《煤矿安全规程》第六百八十八条规定，突出矿井，以及发生险情或者事故时井下人员依靠自救器或者1次自救器接力不能安全撤至地面的矿井，应当建设井下紧急避险设施。紧急避险设施的布局、类型、技术性能等具体设计，应当经矿总工程师审批。

紧急避险设施应当设置在避灾路线上，并有醒目标识。矿井避灾路线图中应当明确标注紧急避险设施的位置、规格和种类，井巷中应当有紧急避险设施方位指示。

四、矿井压风自救系统

煤矿企业必须在按照《煤矿安全规程》要求建立压风系统的基础上，遵照所有采掘作业地点在灾变期间能够提供压风供气的要求，进一步建设完善压风自救系统。空气压缩机应设置在地面；深部多水平开采的矿井，空气压缩机安装在地面难以保证对井下作业点有效供风时，可在其供风水平以上两个水平的进风井井底车场安全可靠的位置安装，但不得使用滑片式空气压缩机。井下压风管路要采取保护措施，防止灾变破坏。突出矿井的采掘工作面要按照《防治煤与瓦斯突出规定》要求设置压风自救装置，其他矿井掘进工作面要安设压风管路，并设置供气阀门。

五、矿井供水施救系统

矿井供水施救系统是指为了保证发生火灾、爆炸等事故时现场人员用水的需要而事先配装的实时供水系统。煤矿企业必须按照《煤矿安全规程》的要求，建设完善的防尘供水系统。除按照《煤矿安全规程》要求设置三通及阀门外，还要在所有采掘工作面和其他人员较集中的地点设置供水阀门，保证各采掘作业地点在灾变期间能够实现提供应急供水的要求。要加强供水管路的维护，不得出现跑、冒、滴、漏现象，保证阀门开关灵活。

六、矿井通信联络系统

矿井通信联络系统是指保证事故发生后实施救援时，现场能够畅通、有效地传递重要信息的系统。煤矿企业必须按照《煤矿安全规程》的要求，建设井下通信系统，并按照在灾变期间能够及时通知人员撤离和实现与避险人员通话的要求，进一步建设完善通信联络系统。在主副井绞车房、井底车场、运输调度室、采区变电所、水泵房等主要机电设备硐室、采掘工作面以及采区、水平最高点，应安设电话。井下避难硐室（救生舱）、井下主要水泵房、井下中央变电所和突出煤层采掘工作面、爆破时撤离人员集中地点等，必须设有直通矿调度室的电话。要积极推广使用井下无线通信系统、井下广播系统。发生险情时，要及时通知井下人员撤离。

第二节　自救与互救

煤矿事故发生时，如何在矿难中自救、互救显得十分重要。

一、自救与互救的基本常识

每个井下人员仅仅知道怎样防止和排除事故是不够的，还必须知道，并且要熟练地掌握怎样正确而又迅速地进行自救和互救，使自己和其他人员能安然脱险得救。

（一）自救与互救的概念

自救是指井下发生意外灾变时，在灾区或受灾变影响的区域内的每个工作人员进行避灾和保护自己的方法。互救是指在有效地进行自救的基础上，去救护灾区内受伤人员的方法。为了达到矿工自救和互救的目的，每个井下工作人员都必须熟悉并掌握所在矿井的灾害预防，熟练地使用自救器，掌握发生各种灾害事故的预兆、性质、特点和避灾方法，抢救灾区受伤人员的基本方法以及学会最基本的现场急救操作技术等。

每个煤矿的管理者，应有计划地对所有煤矿工作人员进行这方面培训，不能熟练地掌握自救、互救和现场急救操作技术的人员，不能算是一名合格的矿工，不允许其下井工作。

（二）自救与互救的行动原则

1. 迅速撤离灾区

当发生重大灾害事故，灾区不具备事故抢险的条件，或者在抢救事故时可能危及营救人员自身安全时，应迅速撤离现场、躲避到安全地点或撤到井上。

（1）撤退人员要在班组长或有经验的老工人的带领下，根据矿井灾害预防和处理计划中规定的避灾路线和实际情况，尽量选择安全条件最好、距离最短的路线，迅速撤离危险区域。

（2）在撤退时，要服从领导，听从指挥，禁止狂奔乱叫。要根据灾情正确佩戴和使用劳动保护用品。

（3）要发扬团结互助的精神，照顾好伤员和年龄较大、身体较弱的工友。

（4）遇有溜煤眼、积水区、塌冒地段和瓦斯积存巷道等危险区域时，应探明情况，谨慎通过。

（5）在撤退途中迷失方向时，一般可按风流方向和水流方向决定行进方向。通常风流方向与水流方向相反。当发生爆炸、火灾事故时，位于灾区进风侧的人员可逆风流（或顺水流）撤退到安全地点，位于灾区回风侧的人员可逆风流（或顺水流）冲过灾区撤离到新鲜空气中；如果强行冲过灾区有危险时，可选择最近路线撤离到新鲜空气中。当发生透水事故时，人员可背离水流方向撤到高处逃出。

2. 及时报告灾情

在灾害事故发生初期，事故现场的作业人员应尽量了解或判断事故性质、地点和灾害程度，在积极、安全地消除或控制事故的同时，要及时向矿调度室报告灾情，并迅速向事故可能波及区域的人员发出警报。

（1）报告形式：利用最近处的电话进行报告。不要舍近求远，更不要跑到井上进行口头报告。要注意在有瓦斯的地点必须使用防爆型电话，否则电话机产生的火花可能引爆瓦斯。

（2）报告对象：要直接向矿调度室报告。因为矿调度室是全矿抢险救灾指挥中心，矿领导 24 h 调度值班，可以组织全矿人力、物力对事故进行抢救。若本矿力量不足，矿调度室还可以通过调度向上级领导求援。

（3）报告内容：包括事故的性质、发生地点、事故影响范围、现场作业人员伤亡情况以及抢救、撤离的措施和方法等。

（4）报告方法：要沉着冷静，不要慌乱，尽量把话说清楚；不要撒谎，要如实报告灾情，不清楚的就报告说“不清楚”，待回到现场了解清楚后或按领导指令了解某一情况后，再次向矿调度室报告。

【案例】

1998 年 6 月 12 日，安徽省某煤矿掘进工作面发生煤与瓦斯突出事故。突出煤岩量 650 t，瓦斯量 12 600 m^3。当日 12 时 18 分，瓦斯检查工王某突然听到掘进迎头现场作业人员的喊叫声、风筒的剧烈抖动声以及从迎头传来的“扑扑”声。王某想到迎头去看看，但刚站起来，便感到腿发软、有被熏的感觉，同时有一股强气流从里面向外推动，他便意识到可能发生了事故。王某随即向外撤退，并通知附近 3 名钻眼工和 8 名采掘人员全部撤离事故现场。随后，王某快速跑到附近的变电所打电话，向矿调度室汇报详细灾情。矿领导立即布置停电撤人、组织抢险。这次事故经救护队 3 个昼夜的奋力抢救，消除了灾害，有 2 人遇难、1 人被堵在灾区内被救护队救出。

3. 积极消除灾害

工作人员应利用现场条件，在保证自身安全的前提下，采取积极有效的措施和方法，及时投入现场抢救，将事故消灭在初始阶段或控制在最小范围内，最大限度地减少事故造成的损失。抢救人员时要做到“三先三后”（先抢救生还者，后处理已死亡者；先抢救伤势较重者，后抢救伤势较轻者；对于窒息或心跳、呼吸停止不久、出血和骨折的伤工，先复苏、止血和固定，然后搬运）。

（1）在消除灾害时，必须保持统一的指挥和严密的组织，严禁冒险蛮干和惊慌失措，严禁各行其是和单独行动。

（2）在积极抢救过程中，首先要确保自身安全，并提高警惕，采取严密措施，避免中毒、窒息、爆炸、触电、二次突出、顶帮二次垮落和透水冲人等再生事故的发生，保证营救人员的安全。

（3）要采取各种有效措施，消除初始灾害或防止灾区情况恶化。如发生火灾时，现场作业人员应尽量利用现场条件进行直接灭火，把新起火灾迅速扑灭；如发生冒顶事故时，现场作业人员应立即采取加强支护控制顶板的措施；如发生煤与瓦斯突出时，应迅速关好防突反向风门；如发生透水事故时，应迅速关闭水闸门等。

4. 妥善安全避灾

当灾害事故发生后，避灾路线因冒顶、积水、火灾或有害气体等原因造成阻塞，现场作业人员无法撤退时，或在自救器有效工作时间内不能到达安全地点时，应迅速进入避难硐室和灾区较安全地点，或者就近快速构造临时避难硐室，进行自救互救，妥善安全避灾，努力维持和改善自身生存条件，等待营救。

（1）保持良好的精神状态。遇险时，千万不可过分悲观和忧虑，更不能急躁盲动、冒险乱闯；不要吞饮煤块、衣物、胶带等物，不要饮用不干净、有毒的井下水；要具有长时间避灾的精神和物质准备;避灾时应静坐,避免不必要的体力消耗和氧气消耗;节约矿灯电量和食品;坚定获救脱险的信念,互相帮助、互相鼓励,克服一切困难,坚持到最后安全脱险。

(2)加强安全防护,改善避灾地点的生存条件。避灾时,要密切关注避灾地点的烟火、风流、顶板、水情和温度等变化。当发现危及人员安全的情况时,应就地取材构筑安全防护设施,如用支架、木料建防护挡板,防止冒落煤矸石窜入;用衣服、风帘堵严或建立临时挡风墙、挡风帘,防止有害气体涌入;在有害气体超限时,要佩戴自救器或使用压风自救系统;用煤矸石或其他材料设置挡水墙,防止矿井水流入。如果发觉避灾地点条件恶化、可能危及人员安全时,应立即转移到附近的其他安全地点。

(3)保持与外部营救人员的联系。避灾人员应在避灾地点外面,采用写字、吊挂衣物等办法,设置明显标记,为营救人员寻找遇险遇难人员指示目标。在避灾地点,应用呼喊,敲击顶帮、铁棚、铁管等方法向外发出求救信号,一旦与外部营救人员取得联系,要不断地、有节律地发出这种信号。如果有可能,可寻找电话或其他通信设备,尽快与外部人员通话。如果转移避灾地点,应在转移途中设置明显指示标记,以便营救人员跟踪寻找。

(4)积极创造自救脱险条件。在避灾地点,应在保证自身安全的情况下,积极开展自救与互救。应利用现场设备、材料、工具,发挥避灾人员的特长,创造条件自行脱险,或者为外部营救人员创造条件,为提前脱险做准备。

(5)积极配合外部营救人员的抢救工作。在避灾地点发现有人来营救自己时,或者在被营救脱险时,要控制自己的情绪,不可慌乱和过分激动。当外面输送进来食品时,不要暴饮暴食。要听从营救人员的安排,积极配合营救人员的抢救工作,避免造成不必要的意外伤害。

二、井下发生各类灾害事故时的自救与互救

(一) 瓦斯、煤尘爆炸事故时的自救与互救

当瓦斯、煤尘爆炸时，在现场和附近巷道的工作人员，千万不可惊慌失措。当听到爆炸声和感到冲击波造成的空气震动气浪时，应迅速背朝爆炸冲击波传来的方向卧倒，脸部朝下，把头放低些，在有水沟的地方最好侧卧在水沟里边，脸朝水沟侧面的沟壁，迅速用湿毛巾将嘴、鼻捂住，同时用最快的速度戴上自救器，拉严身上衣物盖住露出的部分，以防被爆炸的高温灼伤。在听到爆炸声的瞬间，最好尽力屏住呼吸，防止因吸入有毒高温气体而灼伤内脏。

事故发生后，不要太紧张，要冷静下来，明确自己所在的位置和巷道名称，要迅速辨清方向，按照避灾路线以最快的速度赶到新鲜风流方向。外撤时，要随时注意巷道的风流方向，要迎着新鲜风流走。

用好自救器是自救的主要环节。当戴上自救器后，绝不可轻易取下而吸入外界气体，以免遭受有害气体的毒害，要一直坚持到安全地点方可取下。

(二) 煤与瓦斯突出时的自救与互救

采煤工作面发生煤与瓦斯突出或出现预兆时，要以最快的速度通知作业人员迅速向进风侧撤离。撤离中应快速佩戴好自救器，迎着新鲜风流外撤。如果距离新鲜风流太远，应首先到避难硐室内避灾，或利用压风自救系统进行自救。

【案例】

2006 年 4 月 9 日 10 时 23 分，重庆某煤矿发生煤与瓦斯突出事故，突出煤量 490 t、瓦斯量 9.1 万 m^3。当时，“轰”的一声巨响伴随着巨大的风浪吹倒了瓦斯检查工张某。张某意识到了灾难降临，三步并作两步地冲向压风自救器，大口呼吸新鲜空气。为了逃生，他奋力打开了被突出飓风关闭了的防突风门。自救成功后，张

某一口气跑到变电所，向矿调度室报告了灾情，请求矿领导赶快派救护队来营救。之后，他又通过通风瓦斯调度电话，得知南二区域瓦斯严重超限。他对变电所值班电工说："师傅，你守在电话旁等救护队，我到风巷去撤人。"走出变电所 10 m 远时，他看见一束灯光半掩着，昏昏暗暗的，便高声呼喊："里边的工友，瓦斯突出了，赶快撤离！"发现对方没有反应时，他又抓起身边的瓦斯检测器，确定瓦斯含量不大，便直奔昏暗灯光处。

张某发现一人已经被瓦斯熏倒，便一把把他拽起来背上，并飞快地跑到 100 m 远的安全地带。张某认出这是瓦斯检查工李某。他使劲掐了掐李某，只听李某"哎呀"一声叫了起来，张某兴奋地大声喊道："李××，李××，你要挺住。"2 分钟后，李某微微睁开眼睛，有气无力地对张某说："快救工友。"

看到李某苏醒，张某松了一口气，他把李某安置在进风处，又去组织疏散其他工友。张某在发生事故周边的 4 条巷道进出口处设立了警示标语，构建了警示栅栏，并搬来 4 块重达 50 多千克的矸石分别放到 4 条巷道中间，用粉笔写上："工友：此处发生煤与瓦斯突出事故，请绕道行走！！ 2006 年 4 月 9 日"。

张某做完安全警示标志后，再次来到发生事故工作面的防突风门处，阻止了工作人员进入，等待救护队员的到来。

在这次事故中，张某通过自救成功脱险后，及时营救出 1 名工友，并使 1 个掘进工作面和 1 个采煤工作面的 30 多名工友迅速撤离灾区。

（三）矿井火灾事故时的自救与互救

1. 矿井火灾事故的救护原则

（1）控制烟雾的蔓延，使其不危及井下人员的安全。

（2）防止火灾扩大。

（3）防止引起瓦斯、煤尘爆炸，防止火风压引起风流逆转而造成危害。

(4) 保证救灾人员的安全，并有利于抢救遇险人员。

(5) 创造有利的灭火条件。

2. 井下火灾的常用扑救方法

(1) 直接方法灭火。用水、惰性气体、泡沫剂、干粉、砂子(岩粉)等，在火源附近或离火源一定距离直接扑灭矿井火灾。

(2) 隔绝方法灭火。隔绝灭火就是在通往火区的所有巷道内构筑防火墙，将风流全部隔断，阻止空气的供给，使矿井火灾逐渐自行熄灭。

(3) 综合方法灭火。先用密闭墙封闭火区，待火区内部分火熄灭和温度降低后，采取措施控制火区，并打开密闭墙用直接灭火方法灭火。应先将火区大面积封闭；待火势减弱后，再锁风逐步缩小火区范围；最后进行直接灭火。

【案例】

1984 年 2 月 24 日 4 时 30 分，河南省某煤矿 22231 巷道刮板输送机液力联轴节冒火，点燃了油垢、煤和杂物，引起火灾。

火灾发生后，正在井下睡觉的开溜工被烟熏醒，发现机头处一片火光，立即脱下棉背心用力扑打，但无效。于是仓皇跑出，到工作面运输平巷叫人停电灭火。在此之前，掘二队一名机电工在联络巷嗅到了烟味，他打开第一道风门时发现烟雾，打开第二道风门时，就觉得烟雾逼人，呼吸困难。他发现局部通风机正在运行吸烟，为了保证掘进工作面作业人员安全，他果断地关闭了第一台局部通风机。这时他已不能冲出火区，退而关闭第一道风门，又停止第二台局部通风机运转，以此来迫使掘一队和掘二队发现烟雾，停止送风，从而及时撤离危险区。之后他又跑到变电所切断了掘一队、掘二队和开拓队的电源，使他们急速撤离现场。当机电四队一名机电班长发现火情后，立即叫变电所值班员坚守岗位，切断开拓二队电源，把井下发生火灾的情况报告矿调度室，并急速冲入采煤工作面叫人撤离。

被火烟包围的采煤工作面共有21人，12名工人冲出了危险区，9名工人被围困在火烟区内。9名工人在驻矿安监处副处长和矿安检员的统一组织下，开展应急自救与互救工作。他们先将人员转移到采煤工作面回风巷的风门以外，并停开原生产期间为加大风量而使用的局部通风机，以降低高负压区。然后立即用衣服等物，将风门严密封闭，消除负压，使这一区域形成稳流，防止火烟往采煤工作面急速流动，以保存巷道中间有限的新鲜空气。为了避免氧耗量增加，大家静止待命，节约矿灯电量，并商讨脱险之计。当大家急着要由回风流强行撤退时，副处长提出“不能冒险、盲目集体撤出”。他派两人侦察，发现烟雾浓，温度高，不能外撤，因此，大家撤返到密闭处等待救援。当他们发现烟雾逆退时，便将回风侧的三道灭尘水幕打开，达到降温、隔绝烟雾逆流、消烟和吸收二氧化碳的目的。

6时30分，遇险人员心急难耐，重新将风门打开，发现无烟雾，便进入采煤工作面，边行进边侦察。他们到达机头处用电话与矿调度室取得了联系。调度室立即通知井下救援基地派救护队员急速前去营救。由于领取的自救器不足，第一批营救出6人，剩余的1名老救护队员与暂未撤出的3名工人一起，为了延缓时间、防止中毒，并通过敲击铁管传递信号，等待救护队第二次前来营救。8时30分，遇险人员全部安全脱险。

（四）矿井透水事故时的自救与互救

作业人员发现透水预兆要立即向矿调度室汇报。若是情况紧急，透水即将发生，必须立即发出警报，迅速采取果断措施进行处理，防止透水发生，防止淹井，并及时撤出所有受水害威胁的人员。

水害发生后的自救与互救应注意以下几个方面。

(1) 撤离时要服从命令，不可慌乱，要注意往高处走，并沿预定的避灾路线出井。

(2) 位于透水点下方的工作人员，撤离时遇到水势很猛和很高的水头时，要尽力屏住呼吸，用手拽住管道等物，防止呛水和溺水，奋勇用力闯过水头，借助巷道壁及其他物体，迅速撤往安全地点。

(3) 当外出道路已被水阻隔、无法撤出时，应选择地势最高、离井筒或大巷最近的地点，或上山独头巷道暂时躲避。被堵在上山独头巷道内的人员，要做好长时间被堵的思想准备，要节约使用矿灯和食品，有规律地敲打金属器具，发出求救信号。同时，要发扬团结互助的精神，共同克服困难，坚信上级会全力营救，相信能够安全脱险。要忍饥静卧，降低消耗，饮水延命，等待救援脱险。

(4) 若透水来自老空区和老窑积水，因同时会有大量有毒气体涌出，撤离时每人都要迅速戴好自救器，或用湿毛巾掩住口鼻，以防中毒或窒息。

(5) 撤离途中经过水闸门时，最后一个人撤出后要立即紧紧关闭水闸门。水泵司机在没有接到救灾指挥部的撤离命令前，绝对不准离开工作岗位。

(五) 矿山(隧道)事故救援联络信号

当矿山(隧道)事故发生后，救援人员和被困人员在采取防爆安全措施的情况下，可利用坚硬物体敲击管路、铁轨、钻杆等发出“5432”(5声“呼救”、4声“报数”、3声“收到”、2声“停止”)救援联络信号。

(1) 5声：寻求联络。被困人员敲击5声为求救信号；救援人员敲击5声为寻求联络信号。

(2) 4声：询问被困人员数量。救援人员敲击4声为询问信号；被困人员确认收到后，按被困人数敲击为回复信号。

(3) 3声：收到。敲击3声表示“收到”对方信号和意图。

(4) 2声：停止。被困人员敲击2声为“停止”，表示停止给养补给或遇突发情况需停止行动。

注意：每次敲击间隔1 s，分组发出信号，每组信号间隔30 s。

明白意图后敲击3声回复“收到”，未“收到”回复时可重复敲击发出信号。

【案例】

1956年10月24日10时40分，山西省某煤矿掘进巷道打通老窖水发生透水事故。这次事故共处理了27天，排除积水18万m^3。由于被围困在灾区的2名工人积极采取了自救与互救措施，提前获救脱险。

该矿透水地点在北一上山西四平巷。透水后这2名工人逃生到西二平巷避灾。在避灾期间，他们打死了一头骡子，饿了吃骡子肉，渴了喝井下水。同时，他们坚持不懈地向下掘进小巷道以备逃生之用，直到掘通西一平巷。矿山救护队在营救时，由运输巷往上掘进7 m打通西一平巷后，发现西一平巷北部有一个断面为0.25 m^2的小通道，救护队分析事故前此处无通道，肯定是遇险人员自救扒开的。于是摘下呼吸器爬进去找人，并听到通道里有人呼吸的声音，队员们拍手向里面发出联系信号，得到了里面的回音。救护队员往上爬到西二平巷，发现了他们二人，便立即将他们抬到安全地点并施以急救，后经多方抢救，二人恢复了健康。

（六）冒顶事故时的救护

1. 一般原则

（1）矿井发生冒顶事故后，矿山救护队的主要任务是抢救遇险人员和恢复通风。

（2）在处理冒顶事故之前，矿山救护队应向事故附近地区工作的管理人员和工人了解事故发生的原因、冒顶地区顶板的特性、事故前人员的分布位置、瓦斯浓度等，并实地查看周围支架和顶板情况，必要时应加固附近支架，保证退路安全畅通。

（3）抢救人员时，可用呼喊、敲击的方法听取回击声，或用声响接收式和无线电波接收式寻人仪等装置，判断遇险人员的位置，与遇险人员保持联系，鼓励他们配合抢救工作。对于被堵人员，应在支护好顶板的情况下，用掘小巷、绕道通过冒落区或使用矿山救护轻便支架穿越冒落区等方法接近他们。

(4) 在处理冒顶事故的过程中，矿山救护队始终要有专人检查瓦斯和观察顶板情况，发现异常，立即撤出人员。

(5) 清理堵塞物时，使用工具要小心，防止伤害遇险人员；遇有大块矸石、木柱、金属网、铁架、铁柱等物压人时，可使用千斤顶、液压起重器、液压剪刀等工具进行处理，绝不可用镐刨、锤砸等方法扒人或破岩。

(6) 抢救出的遇险人员，要给其用毯子保温，并迅速将其运至安全地点进行创伤检查，在现场开展输氧和人工呼吸、止血、包扎等急救处理，危重伤员要尽快送医院治疗。对长期困在井下的人员，不要用灯光照射其眼睛，其饮食要由医生决定。

2. 抢救遇险人员的方法

(1) 当顶板冒落范围不大时，如果遇险人员被大块矸石压住，可采用千斤顶、撬棍等工具把大块岩石顶起，将人迅速救出。

(2) 当顶板沿煤壁冒落、矸石块度比较破碎、遇险人员又靠近煤壁位置时，可采用沿煤壁方向掏小洞、架设临时支架维护顶板、边支护边掏洞等方法，直到救出遇险人员。

(3) 如果遇险人员位置靠近放顶区，可采用沿放顶区方向掏小洞、架设临时支架、背帮背顶，或用前探棚边支护边掏洞等方法，把遇险人员救出。

(4) 在冒落范围较小，矸石块度小、比较破碎，并且继续下落，矸石扒一点、漏一些的情况下处理冒顶和抢救人员时，可采用撞楔法处理，以控制顶板。

(5) 当分层开采的工作面发生事故、底板是煤层、遇险人员位于金属网或荆笆假顶下面时，可沿底板煤层掏小洞，边支护边掏洞，接近遇险人员后将其救出。当底板是岩石、遇险人员位于金属网或荆笆假顶下面时，可沿煤壁掏小洞，寻找和救出遇险人员。

(6) 当冒落范围很大、遇险人员位于冒落工作面的中间时,可采用掏小洞和撞楔法的方法救出遇险人员。当事故发生时间过长而不安全时,也可采取另掘开切眼、边掘进边支护的方法救出遇险人员。

(7) 如果工作面两端冒落,把人堵在工作面内,采用掏小洞和撞楔法穿不过去,可采取另掘巷道的方法,绕过冒落区或危险区将遇险人员救出。

3. 冒顶事故的处理方法

(1) 局部小冒顶的处理。采煤工作面发生冒顶的范围小,顶板没有冒实,顶板矸石已暂时停止下落,这种局部小冒顶比较容易处理。一般采取掏梁窝、探大梁,使用单腿棚或悬挂金属顶梁的方法处理。

(2) 局部冒顶范围较大的处理。这里分两种情况:一种情况是伪顶冒落直接顶未落,一般采取从冒顶两端向中间进行探梁处理;另一种情况是直接顶冒落,而且冒落区不停地沿煤壁空隙往下掉碎矸石,一般采取打撞楔的办法处理。

(3) 大面积冒顶的处理。对于缓倾斜薄煤层和中厚煤层,尤其是中厚煤层处理工作面大冒顶的方法主要有两种,一种是恢复工作面的方法,另一种是另掘开切眼或局部另掘开切眼的方法。

(七) 井下有害气体中毒人员的救护措施

对于有害气体中毒遇险人员,应立即将其抬到新鲜风流的巷道或地面,根据其中毒情况采取急救措施。

1. 一氧化碳中毒

一氧化碳中毒人员呼吸浅而急促,失去知觉时面颊及身上有红斑,嘴唇呈桃红色。对中毒人员可采用人工呼吸或用苏生器输氧。输氧时可渗入5%～7%的二氧化碳,以使其呼吸中枢兴奋,促进其恢复呼吸机能。

2. 硫化氢中毒

硫化氢中毒除施行人工呼吸或用苏生器输氧外，可将浸以氯水溶液的棉花团、手帕等放入其口腔内，因为氯是硫化氢的良好解毒物。

3. 二氧化硫中毒

由于二氧化硫遇水生成硫酸，对呼吸系统有强烈的刺激作用，严重时可能被灼伤，所以除了施行人工呼吸或用苏生器输氧外，应给中毒人员服牛奶、蜂蜜或用苏打溶液漱口，以减轻刺激。

4. 二氧化氮中毒

二氧化氮中毒最突出的特征是指尖、头发变黄，并有咳嗽、恶心、呕吐等症状。因为二氧化氮中毒时，中毒人员会发生肺浮肿，因而不能采用人工呼吸。若必须用苏生器苏生时，在纯氧中不能掺二氧化碳，以避免刺激中毒人员的肺部，最好是在苏生器供氧的情况下，使中毒人员能进行自主呼吸。

5. 二氧化碳及瓦斯窒息

对二氧化碳及瓦斯窒息造成假死的中毒人员，除了对其进行人工呼吸和用苏生器输氧外，还要摩擦其皮肤或令其闻氨水，以促进其呼吸。

第三节 现场急救

现场急救是指当煤矿发生人身伤害事故时，由现场工作人员对伤员采取的紧急救护措施。现场急救包括现场评估、呼救、解脱伤员、心肺脑复苏、止血包扎、固定、搬运等。现场急救的目的是使伤员得到及时、正确的救助，减少伤员的痛苦，挽救伤员的生命，避免二次损伤发生。现场急救强调现场性、非专业性。

一、现场急救的基本原则

(1) 先看后抢：评估现场和伤员的伤情。

(2) 先抢后救:使处于危险境地的伤员尽快脱离险境,将其移至安全地带后再救治。

(3) 先重后轻:对大出血、呼吸异常、脉搏细弱或心搏骤停、神志不清的伤员,应立即采取急救措施,挽救其生命。对昏迷伤员应注意维持其呼吸道通畅。处理伤口时,一般应先止血、后包扎、再固定,并尽快将伤员妥善地转送医院。

(4) 先救后送:现场所有的伤员必须经过急救处理后,方可转送医院。

二、现场急救的方法

(一) 迅速判断事故现场的基本情况

1. 现场评估内容

(1) 注意现场是否仍有危险存在,评估通风、顶板、瓦斯、水况、油气、机械等因素是否可能对救护者或伤员继续造成伤害。

(2) 引起伤害的原因和受伤人数。

(3) 现场急救可以利用的人力和物力资源,现场最需要何种支援,应首先采取的救护行动等。

2. 伤情评估内容

现场评估后,要进行伤情评估,包括检查病人的意识、气道、呼吸、心跳、瞳孔反应等生命体征。若发现异常,须先处理威胁生命的情况并及时呼救。

(二) 呼救

(1) 向附近人群高声呼救:"快来人呀! 这里有人受伤,需要抢救!"以吸引附近的同伴尽快参与抢救。

(2) 拨打电话向矿调度室进行紧急汇报。汇报内容包括:① 发现伤员所在的确切地点,引起受伤的可能原因,伤员的人数和大概伤情;② 病人目前最危重的情况,如昏迷、呼吸困难、心跳停止、大出血等;③ 现场已采取的救护措施,如止血、心肺复苏等。汇报后,呼救者不要先放下话筒,要等矿调度人员先挂断电话再挂机。急救部门根据呼救电话的内容，应迅速下达救护指示，派出急救人员，及时赶到事故现场。

(三) 排除事故现场潜在危险

要及时排除事故现场潜在的危险，帮助受困人员脱离险境。

(四) 注意保护事故现场

一般不得随意把伤员移出事故现场，但若伤员处于潜在危险之中，则应迅速将其移出现场并置于安全地带施救，伤员出事位置要做标记。

(五) 伤情检查

要有整体观，首先要查出危及生命和可能致残的危重伤员，切勿被局部伤口迷惑。

(1) 生命体征。

检查伤员的意识、瞳孔、脉搏、呼吸等。

(2) 出血情况。

伤口大量出血是伤情加重或致死的重要原因，现场应尽快发现危重伤员大出血的部位。若伤员有面色苍白、脉搏快而弱、四肢冰凉等大失血的征象，却没有明显的伤口，应警惕其为内出血。

(3) 有无骨折。

当发生骨折时，伤员的肢体会出现畸形、反常活动、肿胀、青紫等情况。

(4) 皮肤及软组织损伤。

伤员的皮肤表面会出现淤血、血肿等。

(六) 徒手心肺复苏

心肺复苏是针对呼吸、心搏骤停的伤员采取的急救措施。由于心跳、呼吸突然停止，会导致伤员全身重要脏器发生缺血缺氧，尤其是大脑。大脑一旦缺血缺氧时间超过 4～6 min，脑细胞将发生不可逆的损害。因此在 4～6 min 内，最好能在 4 min 内，应对伤员进行心肺复苏，在其气道畅通的前提下用人工呼吸为其补充氧气、用胸外心脏按压使带有新鲜氧气的血液到达其大脑和其他重要脏器。

心肺复苏的目的不仅要使心肺的功能得以恢复,更重要的是恢复大脑功能,避免和减少植物状态的发生。对心跳、呼吸骤停后的伤员,在 1 min 内进行心肺复苏的救活率接近 100%;在 4 min 内进行心肺复苏的,约有 50%被救活;在 4~6 min 开始心肺复苏的,只有 10%被救活;10 min 以后才施救的,几乎无存活的可能。因此,争分夺秒的现场救护非常重要。

徒手心肺复苏的操作方法和步骤如下。

1. 环境评估

现场急救人员应观察周围环境,保证通风、顶板、瓦斯等因素良好。

2. 判断意识

现场急救人员应轻拍伤员肩部,问:“喂!你怎么了?”如果伤员对此毫无反应,则可判断其无意识,应立即呼救。若有意识,则按要求为其提供帮助。

3. 判断颈动脉博

现场急救人员应用食指和中指指尖触及伤员的气管正中部(喉结部位),判断时间不超过 10 s,如不能触及其动脉搏动,应立即进行心肺复苏。

4. 安置病人体位

现场急救人员应使病人仰卧在硬板床或地板上,令其头颈、躯干无扭曲,两臂放于身体两侧,解开其上衣、腰带,脱下其袜子和靴子,暴露其前胸,检查其全身各处是否有外伤和骨折。

5. 通畅气道

现场急救人员应打开昏迷者的口腔,将其头微微侧向施救者方向,手指进入其口腔,将其口中和气道中的异物抠出。

6. 胸外按压

(1) 按压部位：两乳头连线中点处(胸骨下半部)。

(2) 按压手法：左手掌根部置于按压位置，右手掌根部压在左手手背上，手指交叉，肘部伸直，上肢与胸壁垂直，用上半身的力量垂直向下按压。

(3) 按压幅度：大于等于 5 cm。

(4) 按压频率：每分钟大于等于 100 次。

(5) 按压与呼吸比例：30∶2，反复进行。

(6) 操作 5 个循环后判断是否有效。若无效，继续上述操作 5 个循环后再次判断，直至高级生命支持措施的开始。

7. 人工呼吸

人工呼吸适用于触电休克、溺水、有害气体中毒、窒息或外伤窒息等引起的呼吸停止、假死状态者。如果伤员呼吸停止不久，大都能通过人工呼吸抢救过来。

人工呼吸方法有口对口吹气法、仰卧压胸法和俯卧压背法 3 种。最常用的方法为口对口吹气法。

(1) 口对口吹气法。

口对口吹气法是效果最好、操作最简单的一种方法。现场救援人员在操作前应使伤员仰卧，救护者在伤员头部的一侧，一手托起伤员下颌，并尽量使其头部后仰；另一手将其鼻孔捏住，以免吹气时从鼻孔漏气。救援人员自己深吸一口气，对准伤员的口将气吹入，使伤员吸气；然后，松开捏住鼻子的手，并用手压其胸部以帮助伤员呼气。如此有节律地、均匀地反复进行，每分钟吹气 14～16 次。注意吹气时切勿过猛、过短，也不宜过长，以占一次呼吸周期的 1/3 为宜。如图 14-1 所示。

(2) 仰卧压胸法。

现场救援人员首先让伤员仰卧，跨跪在伤员大腿两侧，两手拇指向内，其余四指向外伸开，平放在伤员胸部两乳头之下，借助上

图 14-1　口对口吹气法

半身重力压伤员胸部，挤出伤员肺内空气；然后，救援人员身体后仰，除去压力，伤员胸部依其弹性自然扩张，使伤员的肺内吸入空气。如此有节奏地进行，每分钟 16～20 次。如图 14-2 所示。

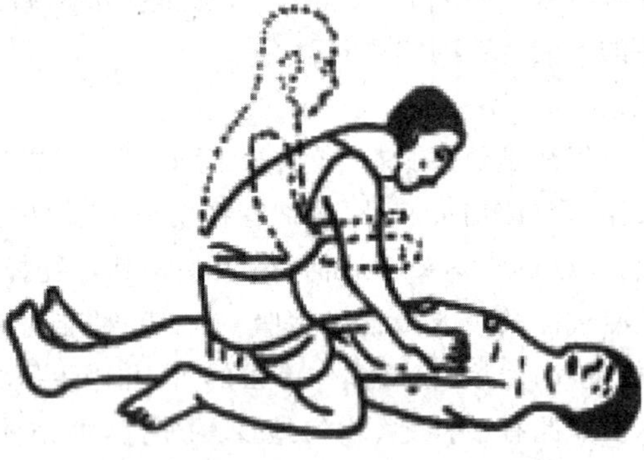

图 14-2　仰卧压胸法

此法不适用于胸部外伤或二氧化硫、二氧化氮中毒者，也不能与胸外心脏按压法同时进行。

（3）俯卧压背法。

俯卧压背法与仰卧压胸法在操作上大致相同，只是现场救援人员应使伤员俯卧、跨跪在伤员两大腿外侧。因为用这种方法做人工呼吸有利于伤员排出肺内水分，因而适用于对溺水人员的急救。如图 14-3 所示。

图 14-3　俯卧压背法

8. 有效验证

(1) 能扪及伤员的大动脉搏动，收缩压大于 60 mmHg。

(2) 伤员的面色、口唇、甲床和皮肤色泽转红。

(3) 伤员的呼吸改善或出现自主呼吸。

(4) 伤员散大的瞳孔缩小。

(5) 伤员的眼球转动，睫毛反射与对光反射出现，甚至手脚抽动，肌张力增加。

(七) 止血

出血是由于血管损伤破裂而造成的。

1. 出血的特征

血管不同，出血也有不同的特征。

(1) 动脉出血的特征是血色鲜红，出血时像小喷泉一样不止。因为动脉出血的流量大，时间稍久就会有生命危险。

(2) 静脉出血的特征是血色暗红,血液呈持续性溢出。

2. 止血的方法

(1) 压迫止血法。

一个人受了伤,如果立即果断地用手指用力压紧伤口附近靠近心脏一端的动脉跳动处并把血管紧压在骨头上,就能很快收到临时止血效果。

(2) 加压包扎止血法。

这种方法适用于小血管和毛细血管的止血。现场急救人员应先用消毒纱布(也可用干净的毛巾)敷在伤口上,再加上棉花团或纱布卷,并用绷带紧紧包扎,以达到止血的目的。如果伤肢有骨折,还要另加夹板固定。

(3) 加垫屈肢止血法。

这种方法多用于小臂和小腿的止血。它是利用肘关节或膝关节的弯曲功能压迫血管达到止血的目的。现场急救人员应在伤员的肘窝或膝窝内放入棉垫或布垫,使伤员的关节弯曲到最大限度,再用绷带把其前臂缠住或者将小腿与大腿固定。如果伤肢有骨折,也应先用夹板固定。如图 14-4 所示。

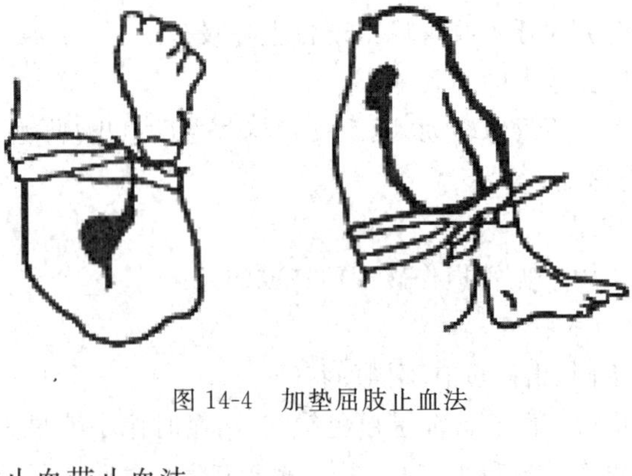

图 14-4　加垫屈肢止血法

(4) 止血带止血法。

这种方法适用于四肢大血管的出血，尤其是动脉血管出血。一般用橡皮管（也可用毛巾、布带或绳子代替）绕肢体包扎、打结、固定或在结内（或结下）穿一根短木棒，绞紧止血带，直到不流血为止，然后把木棒固定在肢体上。在包扎和绞止血带时，不要过紧或过松。

（八）创伤包扎

包扎的目的是保护伤口和创面，减少伤口的感染，减轻伤员的痛苦。加压包扎有止血作用。用夹板固定骨折的肢体时，必须要包扎，以减少继发性损伤，也便于将伤员运送到医院。

包扎的注意事项如下。

(1) 不能用井下的污水冲洗伤口；接触伤口的敷料应尽量使用消毒敷料，如果没有消毒敷料，应选用较干净的毛巾、内衣等布料包扎伤口，不要用手接触伤口；包扎的范围应超出伤口边缘 5～10 cm。

(2) 伤口表面的异物，如煤块、矸石、衣服碎片等，可以去除。深部的异物不应当时取出，以免加重感染或引起大出血。

(3) 肠管等内脏脱落时，不要送回伤口内，以免造成腔内感染。

(4) 包扎时动作要轻柔，必要时应将伤员的衣服剪开，以利于操作。包扎的松紧度要适宜，避免过松或过紧，接头不要打在伤口。

（九）骨折临时固定

骨折临时固定可以减轻伤员的疼痛，可以防止因骨折端移位而刺伤邻近组织、血管和神经，也是防止创伤休克的有效急救措施。如图 14-5 所示。

骨折临时固定的操作要点如下。

(1) 伤员如有伤口出血，应先对其止血并包扎伤口，再做骨折的固定。伤员如有休克应先进行心肺复苏。伤员有脑伤和腹部伤

图 14-5　骨折临时固定

时不能服药。

(2) 在井下对伤员做临时固定,目的在于保证将伤员安全地向地面医院转运。因此,对于有明显外伤畸形的伤肢,只需要做临时固定进行大体纠正,而不需要按原形完全恢复,也不要把露出的断骨送回伤口,否则会给伤员增加不必要的痛苦或因处理不当而使伤情加重。

(3) 要尽可能地将伤员就地固定(主要固定四肢和脊柱骨的骨折)。应注意,在固定前不要无故移动伤员的衣服和裤子。

(4) 做临时固定的夹板要与伤肢相称,夹板应能托住整个伤肢。除了把骨折的上下两端固定好外,如遇关节处,要同时把关节固定好。

(5) 夹板不能与皮肤直接接触,要用棉花、布片或毛巾等柔软物品垫好,尤其要垫好夹板两端、骨头突出的地方和空隙的部分。

(十) 伤员的搬运

搬运伤员时,应注意以下事项。

(1) 在搬运以前,一定要先做好对伤员的检查和完成初步的急救处理,以保证搬运途中的安全。

(2) 对窒息或心跳、呼吸骤停的伤员,应先复苏后搬运;对出血的伤员,应先止血后搬运。

（3）要根据伤情轻重，决定搬运方向。没有现成担架时，可用木棍、衣服、绳子、风筒等做成简易担架。搬运重伤员时，应将担架放在伤员的一侧，用平托法或翻滚法将伤员搬移到担架上。

（4）走平巷搬运伤员时，一定要使伤员的脚朝前、头朝后，这样可使后面的搬运人员随时看到伤员的面部表情，若发现异常，能及时抢救。在斜巷搬运时，不论上山、下山，都要使担架保持水平状态。

（5）搬运伤员行进中，搬运人员的动作一定要轻、脚步一定要稳、步伐要求一致，避免摇晃和振动。

（6）在搬运转送中，伤员出现病变时要对其就地急救，待其恢复正常后再继续搬运。

（7）将伤员搬运到大巷后，如有专用车辆转送，一定要把担架放稳放平，行车速度不宜太快，以免颠簸；如用空矿车送，一定要固定好担架，把伤员牢固地绑在担架和车身上，担架两侧还要有人看护，并严格控制行车速度。

（8）搬运伤员时，搬运人员一定要沉着镇定，不论什么情况下都不可惊慌失措。

三、自救器的安全使用

《煤矿安全规程》规定：入井人员必须随身携带额定防护时间不低于 30 min 的隔绝式自救器。

自救器是一种轻便、体积小、便于携带、戴用迅速、作用时间短的个人呼吸保护装备。当井下发生火灾、爆炸、煤和瓦斯突出等事故时，正确佩戴自救器可有效防止中毒或窒息。从国内外事故教训来看，不少遇难者当时如果佩戴自救器是完全可以避免死亡的。煤矿常用的隔离式自救器分为隔离式化学氧自救器和隔离式压缩氧自救器两种。目前，煤矿企业主要使用隔离式压缩氧自救器。

(一) 隔离式自救器的使用步骤(如图 14-6 所示)

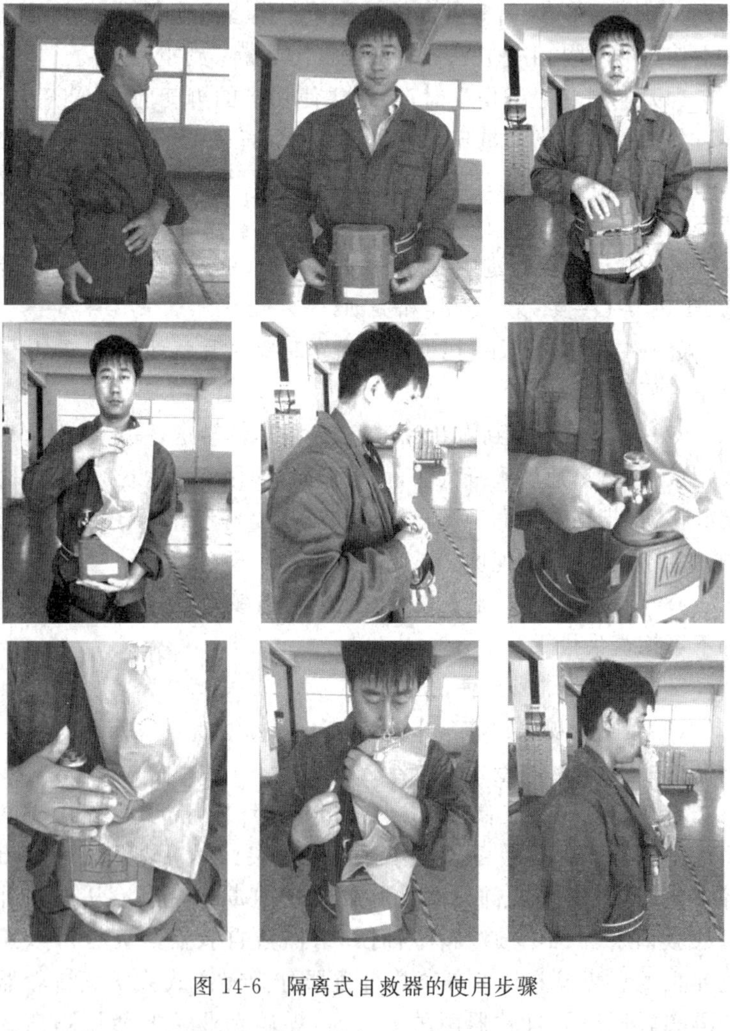

图 14-6 隔离式自救器的使用步骤

(1) 将佩戴的自救器移至身体的正前方。

(2) 拉开自救器两侧的塑料挂钩并取下上盖。

(3) 展开气囊，注意气囊不能扭折。

(4) 把口具片放在唇和牙齿之间，牙齿紧紧咬住牙垫，紧闭嘴唇，将鼻夹弹簧掰开，用鼻垫准确地夹住鼻孔，用嘴呼吸。

(5) 逆时针转动氧气瓶开关手轮，打开氧气瓶开关(完全打开)，用手指按动补气压板，使气囊迅速鼓起。

(6) 撤离灾区。

(二) 隔离式压缩氧自救器的使用注意事项

(1) 佩戴使用自救器前，须由专业人员进行试用培训，并认真阅读使用说明书，以便在使用过程中准确无误地操作。

(2) 携带自救器下井前和在佩戴过程中，要经常观察压力表的示值，保证其压力指针不得低于 18 MPa。

(3) 严禁无故开启、磕碰和坐压自救器。

(4) 使用自救器时，应保持沉着。在呼气和吸气时，应保持慢速深呼吸。口与自救器距离应保证气囊尽量拉展，以免气囊内的呼气软管打折而使呼气阻力增加。在使用自救器的中后期，清净罐的温度略有上升是正常的，不必紧张。

(5) 自救器使用过程中，应避免气囊被利器划伤或受到挤压。

(6) 使用者在未脱离灾区或在高温环境时，切勿摘下自救器。

(7) 当气囊内有气时，不可挤压气囊及补气压板。

(8) 严禁在井下随意拆解自救器。

(9) 自救器每季度进行一次外观检查。凡自救器开启、封印条断裂、外壳严重破损变形的一律报废。

(10) 检查氢氧化钙更换情况。氢氧化钙不应少于 6 个月更换一次，换药后应检测呼吸系统的气密性。

第十五章　典型水害事故案例分析

事故案例一　某煤矿“7·15”较大水害事故

2021年7月15日，某煤矿30108综采工作面发生一起水害事故，造成5人死亡，直接经济损失1 382.8万元。

一、事故单位概况

该矿为证照齐全有效的生产煤矿，生产能力为120万t/a，矿井水文地质类型中等，正常涌水量为98 m^3/h，最大涌水量为108 m^3/h。

2021年6月12日，该矿为应付监管监察，与乙单位签订了“生产托管协议”。但至事故发生时，该矿并未实现整体托管，而是对综采、掘进工程、机电运输、水害防治等单项工程分别进行了承包。

《煤矿整体托管安全管理办法（试行）》第三条规定，煤矿托管必须采取整体托管方式，不得违规将采掘工作面或者井巷维修作业作为独立工程对外承包。

30108综采工作面面长220 m，安装110架液压支架。2020年11月18日贯通形成，2021年5月底设备安装完毕；2021年6月24日，区能源局因发现该矿存在重大隐患，责令其停产整改；7月5日，该矿在未得到区能源局批准的情况下，组织30108综采工作面带负荷调试生产，事故发生时处于初采初放阶段。

二、事故直接原因

该矿30108综采工作面切眼布置于十八墩河支沟河床下方，

受采动影响顶板防塌、防沙、防水煤(岩)柱失效,造成采空区顶板局部抽冒,上覆含水层及地表水裹挟泥沙溃入工作面,导致事故发生。

《煤矿防治水细则》第五十二条规定,煤矿应当查清矿区、井田及其周边对矿井开采有影响的河流、湖泊、水库等地表水系和有关水利工程的汇水、疏水、渗漏情况,掌握当地历年降水量和历史最高洪水位资料,建立疏水、防水和排水系统。

煤矿应当查明采矿塌陷区、地裂缝区分布情况及其地表汇水情况。

第五十四条规定,当矿井井口附近或者塌陷区波及范围的地表水体可能溃入井下时,必须采取安全防范措施。

在地表容易积水的地点,应当修筑沟渠,排泄积水。修筑沟渠时,应当避开煤层露头、裂隙和导水岩层。特别低洼地点不能修筑沟渠排水的,应当填平压实。如果低洼地带范围太大无法填平时,应当采取水泵或者建排洪站专门排水,防止低洼地带积水渗入井下。

当矿井受到河流、山洪威胁时,应当修筑堤坝和泄洪渠,防止洪水侵入。

对于排到地面的矿井水,应当妥善处理,避免再渗入井下。

对于漏水的沟渠(包括农田水利的灌溉沟渠)和河床,如果威胁矿井安全,应当进行铺底或者改道。地面裂缝和塌陷地点应当及时填塞。进行填塞工作时,应当采取相应的安全措施,防止人员陷入塌陷坑内。

在有滑坡危险的地段,可能威胁煤矿安全时,应当进行治理。

在井田内季节性沟谷下开采前,需对是否有洪水灌井的危险进行评价,开采应避开雨季,采后及时做好地面裂缝的填堵工作。

三、事故暴露出的主要问题

(一) 工作面顶板管理不到位

事故发生时30108综采工作面个别支架接顶不实,成为采空区顶板局部抽冒时泥沙溃入工作面的通道;该综采工作面实际采高为5.33~8.07 m,超过其6.5 m限高要求,加大了采空区顶板抽冒的风险。

《煤矿防治水细则》第八十四条规定,在矿井、水平、采区设计时必须划定受河流、湖泊、水库、采煤塌陷区和海域等地表水体威胁的开采区域。受地表水体威胁区域的近水体下开采,应当留足防隔水煤(岩)柱。

在松散含水层下开采时,应当按照水体采动等级留设防水、防砂或者防塌等不同类型的防隔水煤(岩)柱。

在基岩含水层(体)或者含水断裂带下开采时,应当对开采前后覆岩的渗透性及含水层之间的水力联系进行分析评价,确定采用留设防隔水煤(岩)柱或者采用疏干(降)等方法保证安全开采。

第八十五条规定,水体下采煤,应当根据矿井水文地质及工程地质条件、开采方法、开采高度和顶板控制方法等,按照《建筑物、水体、铁路及主要井巷煤柱留设与压煤开采规范》中有关规定,编制专项开采方案设计,经有关专家论证,煤矿企业主要负责人审批后,方可进行试采。采煤过程中,应当严格按照批准的设计要求,控制开采范围、开采高度和防隔水煤(岩)柱尺寸。

(二) 未严格执行停产指令

该矿在向监管部门申请整改但未取得同意的情况下,擅自组织30108综采工作面带负荷调试生产,至事故发生时推采约19 m。

(三) 冒险组织作业

在30108综采工作面出现架前漏矸、架后掉红土块等现象的情况下,仍组织工人冒险作业。

（四）防治水管理不到位

该矿无防治水机构和专业技术人员，采用购买服务的方式将防治水工作委托其他单位，以包代管；对矿井水文补勘设计未落实施工。

《煤矿防治水细则》第五条规定，煤矿应当根据本单位的水害情况，配备满足工作需要的防治水专业技术人员，配齐专用的探放水设备，建立专门的探放水作业队伍，储备必要的水害抢险救灾设备和物资。

水文地质类型复杂、极复杂的煤矿，还应当设立专门的防治水机构、配备防治水副总工程师。

（五）安全管理混乱

该矿安全管理机构不健全，仅设有生产科、机电科；多名管理人员未取得安全生产知识和管理能力考核合格证；违规将井下综采生产承包给乙单位，违规将掘进工程承包给丙单位，以包代管；事故当班入井人员中有 23 人未携带定位卡。

（六）技术服务公司开展防治水技术服务不到位

未按照河床区域土层结构勘查方案设计的位置施工钻孔；编制的 30108 综采工作面防治水安全性评价报告依据不充分、针对性不强，且技术审查不认真，未发现报告中存在的明显缺陷；在 30108 综采工作面生产前未按要求编制防治水安全开采方案设计。

（七）煤矿安全监管不到位

驻矿安监员在事故发生前 20 天仅到该矿巡查一次，未发现和制止矿井擅自组织生产的违规行为；区能源局对煤矿包抓工作责任未落实，对该矿行政执法不到位。

四、调查处理情况

事故共对 30 名相关责任人员提出问责和处理建议。其中该矿总经理、矿长、总工程师等 3 人被移送公安机关立案调查；对该矿董事长、乙单位安全副总经理、技术服务公司相关人员等13人给予撤职处分等。

事故案例二　某煤矿"4·10"重大透水事故

2021年4月10日，A煤矿发生重大透水事故，造成21人死亡，直接经济损失7 067.2万元。

一、事故煤矿基本情况

A煤矿为私营企业，其井田西邻关闭的B煤矿、东邻C煤矿、北邻D煤矿。B煤矿2017年关闭退出，开采的B4煤层轨道上山越界布置进入A煤矿西翼矿界保护煤柱中，其西部和南部周边原有多个废弃老窑。E河穿越矿区，洪水期月平均流量为4.34～6.64 m^3/s，曾断流半个月，河水灌入井下采空区，采空区均相互连通，形成大范围老空积水。C煤矿、D煤矿与A煤矿采掘范围之间距离较远，采空区积水对A煤矿无影响。

A煤矿核定生产能力为60万t/a，现开采的B4煤层平均厚度为12.89 m，煤层倾角为7°～14°。A煤矿采用斜井开拓，布置有主斜井、副斜井、斜风井。水文地质条件复杂，正常涌水量为238 m^3/h，最大涌水量为309 m^3/h。

A煤矿东翼共有3个区段，一、二区段已采完封闭，三区段综放面于2013年12月因自然发火封闭至今。事故发生前，A煤矿无采煤工作面，正在施工B4W01工作面。其中B4W01回风平巷掘进1 056.6 m，已至开切眼位置；B4W01运输平巷已掘进646 m。

A煤矿由于无采煤工作面，安全生产许可证于2020年4月13日被依法注销。

事故发生后，6人安全升井，21人被困井下。国务院主要领导作出重要批示，应急管理部主要领导多次视频调度指导救援处置工作，国家矿山安全监察局主要领导带领工作组和专家赶赴现场指导救援。在救援过程中，采取了铺设河道、打钻探查、排水等措施，截至5月16日，经37天全力施救，累计排水101.05万 m^3，搜寻出20名遇难人员，经反复在井下搜救，仍有1名矿工未找到。经抢险救援指挥部组织专家论证，并经地方政府研究决定终止救援。

二、事故直接原因

煤矿违章指挥、冒险组织掘进作业，在老空积水压力和掘进扰动作用下，B煤矿老空水突破有限煤柱（事故后现场勘查得知，B4W01回风平巷掘进工作面距离C煤矿积水巷道只有1.8 m），通过废弃轨道上山溃入A煤矿B4W01回风平巷，造成重大透水淹井事故。

三、事故暴露出的主要问题

（一）A煤矿的问题

（1）法律意识淡漠，拒不执行停产指令。督查组责令该矿停产整改防治水隐患，该矿在隐患未整改完毕、县煤矿安全监管部门明确不予复工的情况下，擅自恢复B4W01回风平巷和运输平巷的掘进作业。

（2）漠视透水重大风险，违章指挥冒险作业。地测部门已经判断B4W01回风平巷掘进工作面以西有老空水的威胁，该矿未按照《煤矿防治水细则》要求进行探放水；出现明显透水征兆后，该矿仍未及时撤出受透水威胁区域人员，继续冒险掘进作业。

《煤矿防治水细则》第七十六条规定，煤矿应当开展老空分布范围及积水情况调查工作，查清矿井和周边老空及积水情况，调查内容包括老空位置、形成时间、范围、层位、积水情况、补给来源等。老空范围不清、积水情况不明的区域，必须采取井上下结合的钻探、物探、化探等综合技术手段进行探查，编制矿井老空水害评价报告，制定老空水防治方案。

《煤矿安全规程》第二百八十八条规定，采掘工作面或者其他地点发现有煤层变湿、挂红、挂汗、空气变冷、出现雾气、水叫、顶板来压、片帮、淋水加大、底板鼓起或者裂隙渗水、钻孔喷水、煤壁溃水、水色发浑、有臭味等透水征兆时，应当立即停止作业，撤出所有受水患威胁地点的人员，报告矿调度室，并发出警报。在原因未查清、隐患未排除之前，不得进行任何采掘活动。

(3) 技术工作滞后，防治水基础薄弱。矿井周边老窑技术资料缺乏，部分留存的资料不能真实反映井下开采情况；煤矿隐蔽致灾地质因素普查不到位，未查明井田范围内及周边采空区、老窑分布范围及积水情况；委托地质勘察单位进行水文地质补充勘探时，该矿为节省费用而减少验证钻孔，因而未能发现B煤矿采空区及废弃巷道积水。

《煤矿安全规程》第三十二条规定，煤矿必须结合实际情况开展隐蔽致灾地质因素普查或探测工作，并提出报告，由矿总工程师组织审定。

《煤矿重大生产安全事故隐患判定标准》第九条规定，“有严重水患，未采取有效措施”重大事故隐患，是指有下列情形之一的。

① 未查明矿井水文地质条件和井田范围内采空区、废弃老窑积水等情况而组织生产建设的。

② 水文地质类型复杂、极复杂的矿井未设置专门的防治水机构、未配备专门的探放水作业队伍，或者未配齐专用探放水设备的。

③ 在需要探放水的区域进行采掘作业未按照国家规定进行探放水的。

④ 未按照国家规定留设或者擅自开采(破坏)各种防隔水煤(岩)柱的。

⑤ 有突(透、溃)水征兆未撤出井下所有受水患威胁地点人员的。

⑥ 受地表水倒灌威胁的矿井在强降雨天气或其来水上游发生洪水期间未实施停产撤人的。

⑦ 建设矿井进入三期工程前，未按照设计建成永久排水系

统，或者生产矿井延伸到设计水平时，未建成防、排水系统而违规开拓掘进的。

⑧ 矿井主要排水系统水泵排水能力、管路和水仓容量不符合《煤矿安全规程》规定的。

⑨ 开采地表水体、老空水淹区域或者强含水层下急倾斜煤层，未按照国家规定消除水患威胁的。

(4) 主体责任不落实，安全管理松懈。部分安全管理人员未取得安全生产知识和管理能力考核合格证明；防治水专业技术人员和探放水工配备不足，部分探放水工未取得特种作业操作证；没有针对B煤矿老空水问题研究制定针对性措施；抢工期、赶进度，违规下达掘进进尺指标，探放水施工严重滞后，存在未探先掘、边探放水边掘进或超过探放安全距离仍然掘进现象。B4W01回风平巷在1 043 m处物探时，已发现前方有低阻异常区，煤矿未进行钻探验证，而是继续掘进，直至发生透水。

(二) B煤矿的问题

开采时将轨道上山越界布置，进入A煤矿边界煤柱中；向煤矿管理部门报送虚假图纸和闭坑资料，长期隐瞒矿井遗留的重大隐患。

(三) A煤矿上级公司的问题

A煤矿上级公司，不重视煤矿安全工作，所设公司未配齐安全管理职能部门及人员，未建立安全生产责任制；驻矿人员重作业进度和巷道质量，疏于灾害治理、隐患排查整改；抢工期、赶进度，在该矿隐患未整改完成的情况下，即催促该矿恢复掘进施工。

(四) 技术服务单位的问题

承担A煤矿水文物探项目的F公司将采空区积水误判为顶板砂岩裂隙水；G公司未认真收集矿井及周边相关地质资料，编制的水文地质类型划分报告与实际不符；H公司编制矿井初步设计时确定井田西部留设30 m边界煤柱，但在采掘工程平面图和施工图中将边界煤柱留设为20 m,违规将开切眼布置在边界煤柱中。

四、事故调查处理情况

该起事故共对50名责任人员进行追责问责,其中A煤矿法定代表人、委托代理人兼总经理,以及矿长、总工程师等3人被移送司法机关追究刑事责任;对A煤矿、技术服务单位、B煤矿等单位33名责任人员分别给予罚款、党政纪处分、组织处理等。